□生物多様性を考える　1□

いのちは創れない

LIVING WITH NATURE

メダカやトキのいる国づくり

MEDAKA and TOKI Survival in a New Japan

池田和子　守分紀子　蟹江志保

アサヒビール株式会社発行■清水弘文堂書房編集発売

生物多様性を考える　1

いのちは創れない

メダカやトキのいる国づくり

目次

Rethinking Biodiversity

Living with Nature

Medaka and *Toki* Survival in a New Japan

Ikeda Kazuko Noriko Moriwake Shiho Kanie

S T A F F

PRODUCER 名倉伸郎（アサヒビール株式会社環境担当執行役員） 礒貝 浩
平野 喬（財団法人地球・人間環境フォーラム専務理事／グローバル・ネット編集長）
DIRECTOR 大谷久雄（アサヒビール社会環境推進部部長） あん・まくどなるど
ART DIRECTOR & CHIEF EDITOR 礒貝 浩
DTP EDITORIAL STAFF 小塩 茜
COVER DESIGNERS 二葉幾久　黄木啓光　森本恵理子
■
STAFF 竹中聡（アサヒビール社会環境推進部） 坂本有希（財団法人地球・人間環境フォーラム）

※この本は、オンライン・システム編集と新DTP（コンピューター編集）でつくりました。

ASAHI ECO BOOKS 12 □生物多様性を考える 1□財団法人地球・人間環境フォーラム編 環境省自然環境局協力

いのちは創れない

メダカやトキのいる国づくり

池田和子 守分紀子 蟹江志保

アサヒビール株式会社発行■清水弘文堂書房発売

序　「日本の自然、生物多様性」

環境省自然環境局長　小野寺　浩

■日本の自然の特徴は固有種と森林の多さ

「日本の自然の特徴とはなにか」と問われて、簡潔に説明するのはなかなかやっかいである。一般的には四季の変化があって生物種が多いと言われるが、これはヨーロッパやアメリカと比較して相対的に多いということを意味している。

日本を含めたアジア東部の生物相が豊富なのは、さまざまな気候帯にまたがっていることや氷河期の絶滅をまぬがれたことなどが、その理由としてあげられよう。そのなかでも日本は、とくに固有種の割合が高く、他の国との共通性の低い独自の生態系を形成している。たとえば、日本に生息する両生類の74％が固有種であり、他のアジア諸国と比べてもきわめて高い数字となっている。これは、日本列島が何万年もの間大陸から孤立していること、モンスーン地域であり比較的温暖で雨量が多いこと、南北に長くかつ標高差が大きく地形が複雑なため種の分化が多く生じ、それが途絶えずにつづいてきたことなどによるものと思われる。

日本の自然のもうひとつの特徴として、国土に占める森林の割合が非常に高いということがある。地球上の陸地面積のうち森林が占める割合は30％弱であるのに対し、日本の森林面積率は67％にのぼる。先進国ではヨーロッパの平均が31％、北米の平均が25％となっており、60％を上回るのは北欧３カ国のみである。別の見方をすると、森林面積率の高さは山地の割合が多いという地形条件を反映しているのであるが。

■手つかずの自然は2割

長年にわたる人と自然のかかわりあいのなかで形づくられてきたわが国の自然の現状を表すのに便利なものさしとして、「植生自然度」という指標がある。これは国土全体を植生に対する人為影響の度合いによって、10段階に分類したものである。

日本の国土のうち、ほぼ原生的な自然にあ

植生自然度の割合（%）

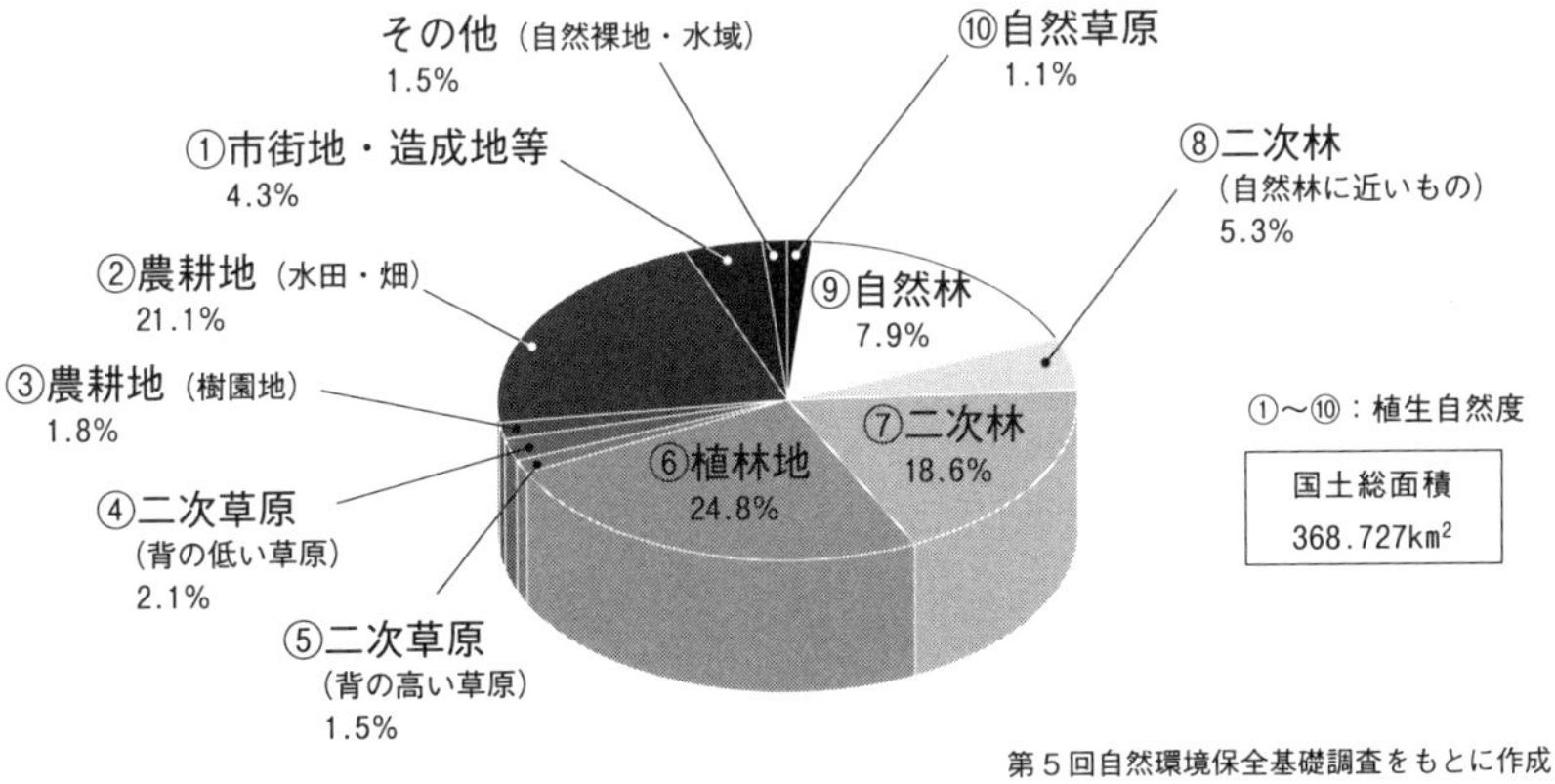

第５回自然環境保全基礎調査をもとに作成

たるのが植生自然度10と9であるが、その合計は19%となっており、いわば「手つかずの自然」は2割弱であることがわかる。また、植生自然度8から2まではなんらかの形で人間の干渉を強く受けた自然と見ることができるが、これが国土の約75%を占めている。さらに自然度6、おおむねスギ・ヒノキの人工林が国土の25%、全森林面積の4割を占めていること、国土のほぼ4割にあたる二次林及び田園地域に絶滅危惧種の5割が生育・生息していることなどから、わが国の生態系・生物多様性が、いかに人と密接にかかわって成立してきたかがわかるであろう。

ちなみに国土全体から見ると、都市や市街地はわずか5%を占めるのみであり、国土のごくかぎられた空間のなかで、さまざまな人間活動が行われていることがわかる。

■人がもたらす生物多様性の危機

戦後の干潟面積の推移を見ると、この50年間に全体の4割にあたる3万ヘクタールの干潟が消滅してしまったことがわかる。失われた面積の大きさに加えて問題なのは、全国の海岸に散在していた小規模な干潟がほとんど壊滅状態になってしまったことである。干潟は大規模なものだけあればよいというわけではなく、ある種の貝類や甲殻類にとっては、小さな干潟が一定の距離で連続して存在していることが不可欠であり、この連続性がなくなると生態系に著しい影響を与えるという。

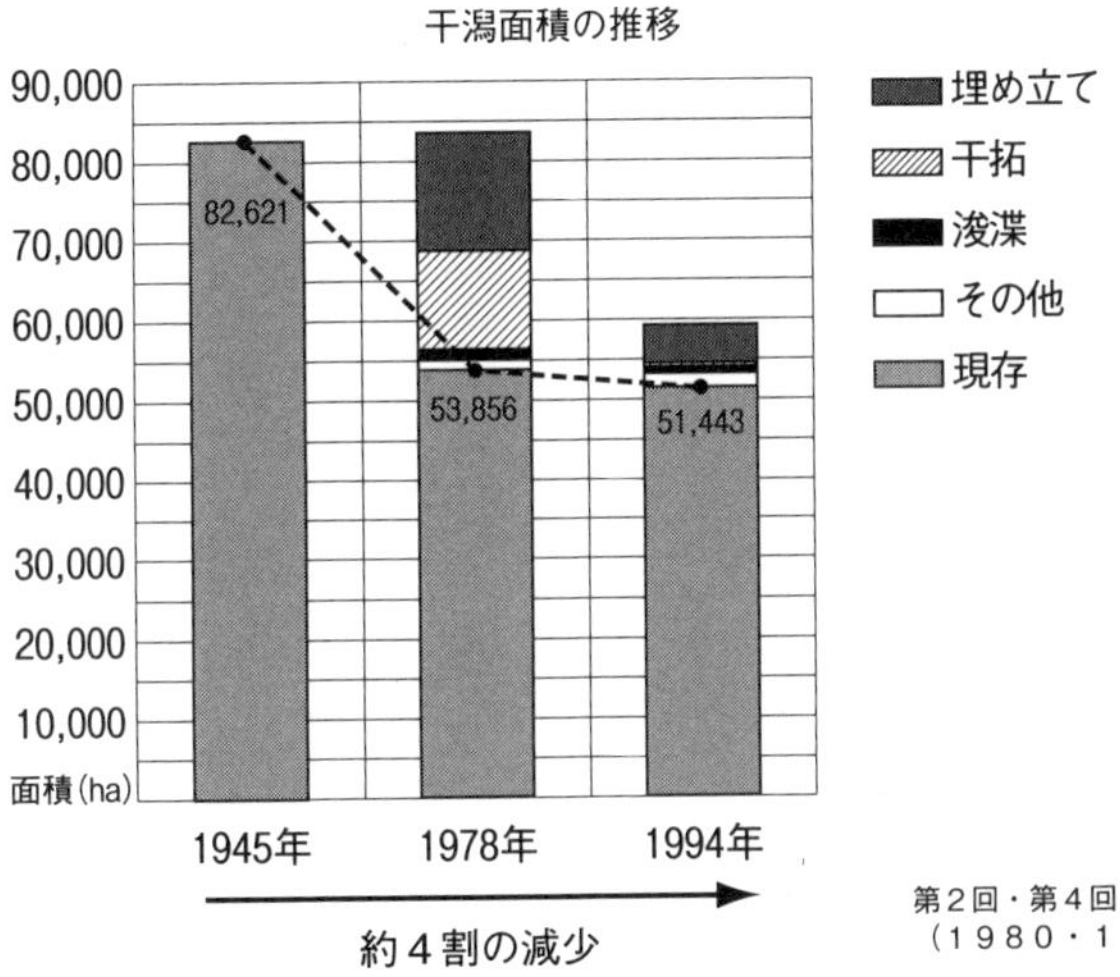

第２回・第４回自然環境保全調査（１９８０・１９９４）より作成

人間の活動は、結果として多くの動植物を絶滅の淵に追いやっている。わが国の絶滅のおそれのある野生動植物種としてリストアップされた種は、現在２７００種近くあり、調査の精度をあげればあげるほどさらに増える傾向にある。種類別に見ると、哺乳類、両生類、汽水・淡水魚類、陸・淡水産貝類、維管束植物（高等植物）では、絶滅のおそれのある種の数が全種数の２割を上回っている。

最近その存在が問題視されているのが外来種である。明治以来、外国から入ってきて定着したものにかぎっても２０００種いるといわれている。在来魚を捕食するブラックバスなど、これらが日本の在来の生態系に与えている影響はきわめて大きい。

最近、里山に対する関心が高まっている。里山の定義はむずかしいが、集落周辺の人間

絶滅のおそれのある野生生物（RDB種）の種類

	分類群	総種類（a）（評価対象種）	絶滅	絶滅危惧種（b）	（b／a）
動物	哺乳類	約200	4	47	23・5
	鳥類	約700	13	90	12・9%
	爬虫類	97	0	18	18・6%
	両生類	64	0	14	21・9%
	汽水・淡水魚	約300	3	76	25・3%
	昆虫類	約30000	2	139	0・5%
	陸・淡水産貝類	約1000	25	251	25・1%
	クモ類・甲殻類	約4200	0	33	0・8%
	動物小計		47	669	
植物等	維管束植物	約7000	20	1665	23・8%
	蘚苔類	約1800	0	180	10・0%
	藻類	約5500	5	41	0・7%
	地衣類	約1000	3	45	4・5%
	菌類	約16500	27	63	0・4%
	植物合計		55	1994	
動物・植物等合計			102	2663	

注　種数には亜種・変種をふくむ

とのかかわりが非常に強い森林のことを指す、ある種の立地概念といえよう。かりに里山は植物社会学上の二次林にあたるとすると、その面積は770万ヘクタールで国土の約2割を占めていることになる。

　里山の特徴は、薪炭生産や落ち葉採取など生活や生産の必要性のなかで、人的干渉が適度に何百年間もつづくことによって、独特の生態系が成立してきたということにある。ところがエネルギー革命後には、薪炭資源としての必要性が失われたために里山の放置が進み、植物生態学でいうところの「遷移」、つまり、原生林へ移行して安定する前の中間、入り口段階でさまざまな問題が生じている。また、たとえば西日本ではタケの進入が相当な勢いで進んでおり、東日本ではササが同様の傾向を示している。２００〜３００年単位でみるとさほど大問題ではないかもしれないが、30〜50年単位でみると遷移論では完結しない具体的な課題が生じてしまっているのである。

■生物多様性３つの危機

２００２（平成14）年に策定された「新・生物多様性国家戦略」では、わが国の自然環境と生物多様性の問題を３つに整理している。ひとつ目は、土木工事等の開発行為が、種や生態系に多大な影響を与えていることによる危機である。昭和40年代の高度経済成長期には、多くの農地が住宅団地や道路等の都市的土地利用に転換された。農地がコンクリートやアスファルトにかわり、建設材として川砂利が大量に採取されたことが、国土全体に与えた影響は計り知れない。

ふたつ目は、人為の適度な干渉がなくなることによって、むしろ独特の生態系が危機にさらされる危機であり、里山の問題がこれにあたる。たとえば、絶滅危惧種の５割は里山や田園地域に生育・生息していることがわかっており、だからこそ生物多様性の保全の面

世界人口の推移（A.D.1 ～ 2000）

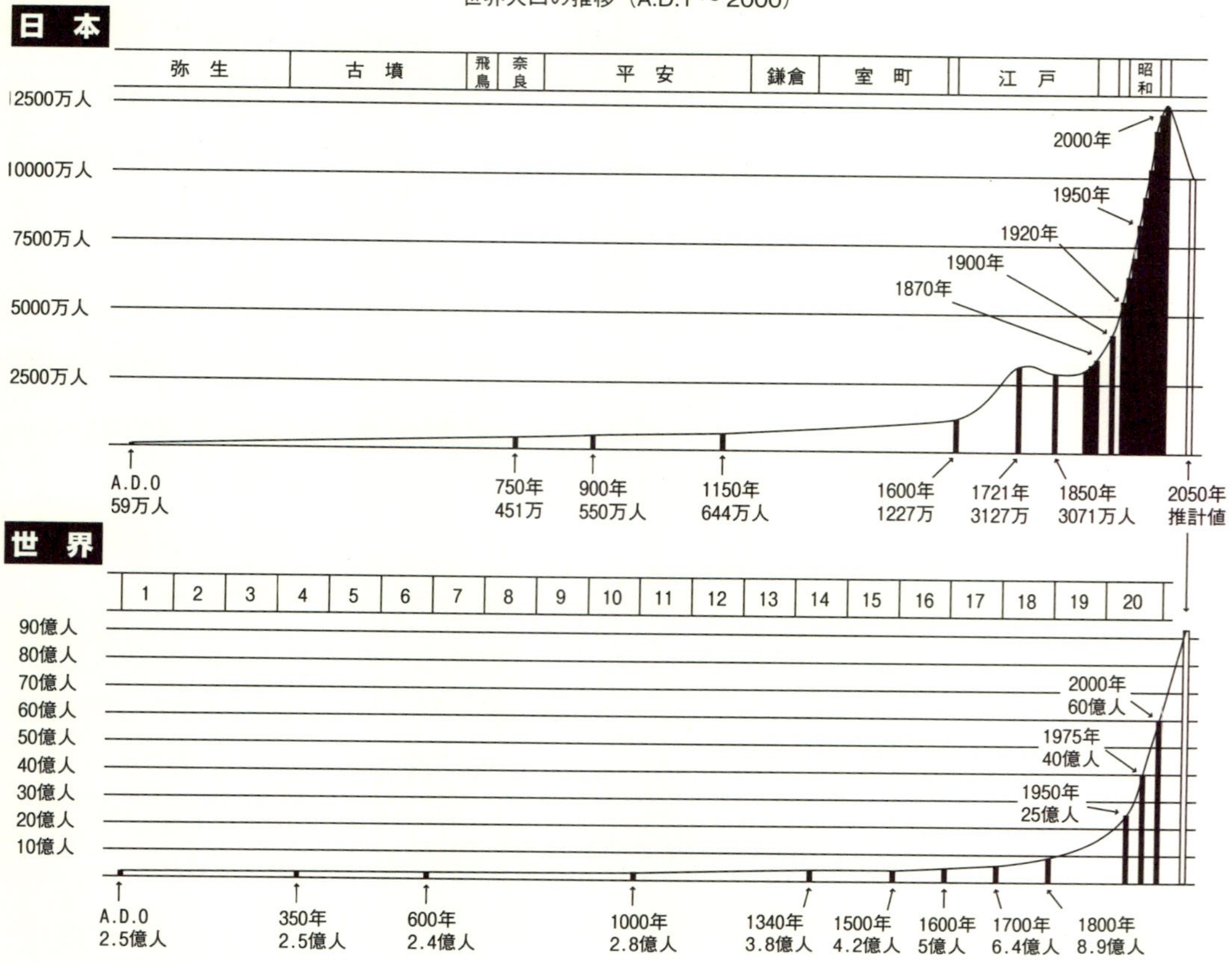
日本
弥生
古墳
飛鳥
奈良
平安
鎌倉
室町
江戸
昭和
12500万人
10000万人
7500万人
5000万人
2500万人
2000年
1950年
1920年
1900年
1870年
A.D.0
59万人
750年
451万
900年
550万人
1150年
644万人
1600年
1227万
1721年
3127万
1850年
3071万人
2050年
推計値
世界
1
2
3
4
5
6
7
8
9
10
11
12
13
14
15
16
17
18
19
20
90億人
80億人
70億人
60億人
50億人
40億人
30億人
20億人
10億人
2000年
60億人
1975年
40億人
1950年
25億人
A.D.0
2.5億人
350年
2.5億人
600年
2.4億人
1000年
2.8億人
1340年
3.8億人
1500年
4.2億人
1600年
5億人
1700年
6.4億人
1800年
8.9億人

からも里山の維持管理が問題になっているのである。

3つ目は、外から入ってくる危機である。外来種や環境ホルモン等の有害化学物質が生物種に大きな影響を与えていることがこれにあたる。

■社会指標の推移

わが国の総人口の推移を長期間で見てみると、人口の急増は近世、近代以降の現象だということがわかる（右図）。また、最近の推計では、2006年に頂点を迎えて減少に転じ、2050年には1億人になると言われているが、厚生労働省人口問題研究所が推計したもっとも低位の数値では、2100年には人口は4600万人、つまり現在の人口の4割弱になるという数字も出ている。

また次ページの図は、戦後の日本において農地がどれほど都市的土地利用に転換されたかを表している。農地から都市的土地利用にかわった土地にはコンクリートやアスファルトを使用したなにかが建設されたこと考えると、昭和40年代の高度経済成長期における開発圧力が国土に与えた影響の大きさを再認識させられる。

高度経済成長の著しかった1970（昭和45）年には、国会で公害が主要なテーマとなり「公害国会」と呼ばれた。そして1971（昭和46）年に環境庁が発足し、1973（昭和48）年には第1次オイルショックが起こったが、皮肉なことにこの1973（昭和48）

都市的土地利用への転換面積（農地）

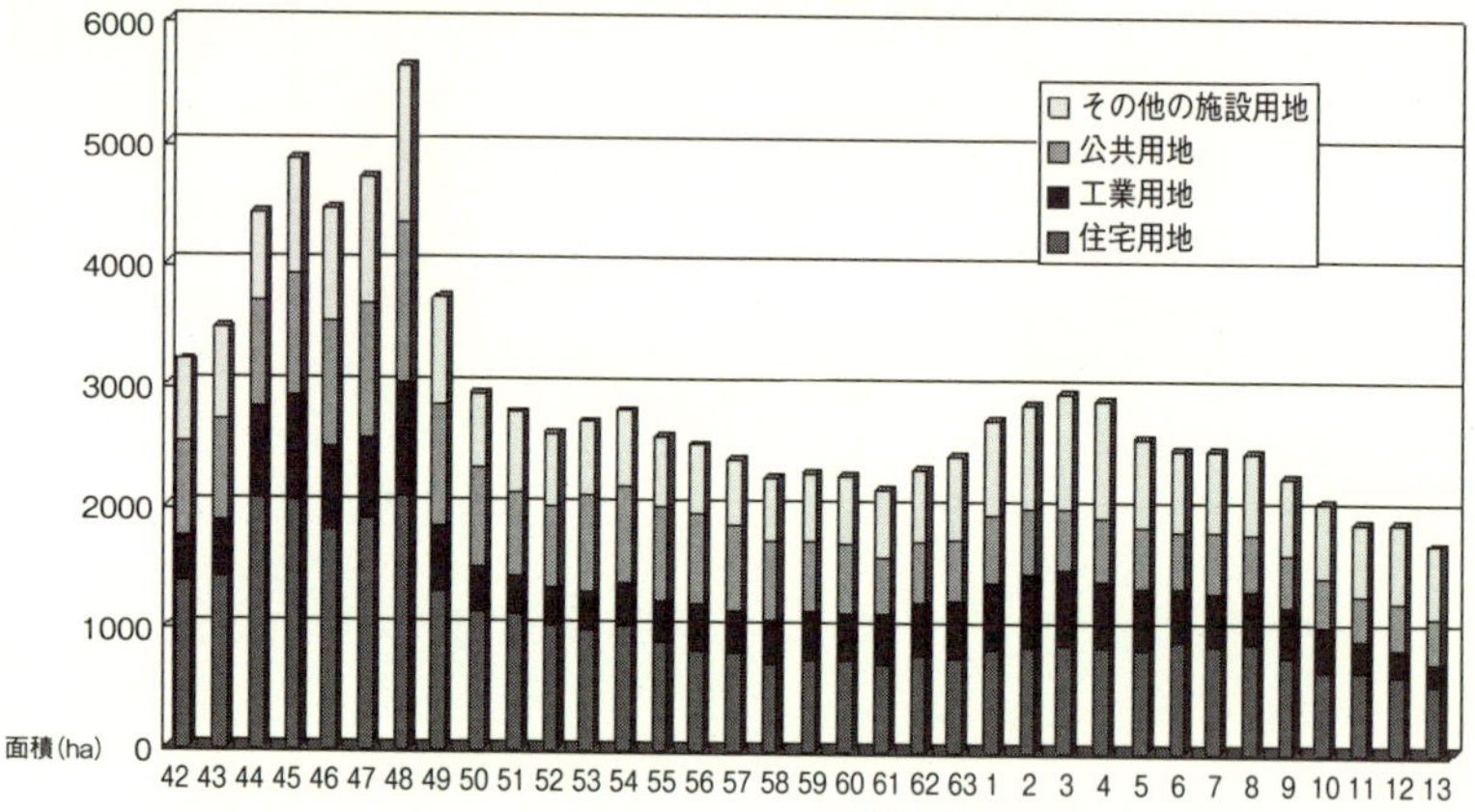

資料　農地の移動（1969 年度版～ 1999 年度版）

年に農地の転換面積が最大となっている。

公害国会があった１９７０（昭和45）年という年は、三島由紀夫が自決した年であり、富士ゼロックスの「モーレツからビューティフルへ」というＣＭコピーが流行した年でもある。これは、繁栄をきわめていた経済情勢の一方で、一部の人びとは予見的に物事をとらえていたということの現れではないだろうか。

■「自然保護」、「風景」、価値の変遷

最後に、成熟社会と「自然保護」の関係について考えてみたい。人口が今後減少の一途をたどること、あるいは、土地利用の転換に代表される経済的な圧力が下降気味になること、これらをある種の社会的な総合指標だと考えれば、すでに日本は成熟していると見てよい。満足できる成熟かどうかということは

別にして、外的な条件から見れば、日本はすでに成熟の頂点をきわめ、むしろそろそろ没落しかかっている状況だともいえる。

一方、わが国で論じられている「自然保護」を考えたとき、人間がなんらかの価値を見いだした自然を選択的に守る、ということを超えていないのではないか。本来は、自然と人間の関係すべてを総合するものを「自然保護」の対象としてとらえるべきだが、現実にはかならずしもそうなっていない。「自然保護」の思想は、歴史のなかで社会の必然的力学のようなもののなかで生まれてきているのである。

たとえばイギリスでは、18世紀終わりから19世紀前半に、自然の風景を人工的につくる自然風景式庭園が一世を風靡したが、これは産業革命が進展した次期と重なっている。これはまさに工業化の反作用として、自然的なものにある種のあこがれがでてきたことの現れなのである。

日本でも、江戸時代の人が美しいと感じる風景は、葛飾北斎や安藤広重の浮世絵に見られるような穏やかな遠景の風景であった。それが近代に至ると、たとえば上高地から見た穂高は明治初期にイギリスの宣教師ウエストンが発見したと言われているが、伝統的な日本人の風景感からすると圧迫的でのしかかってくるような風景を美しいと認識して、それが今につながっている。このように日本の自然風景のとらえ方も、歴史の発展段階のなかで大きく変化してきた。

国立公園をとりあげてみても、１９３４（昭和９）年に最初の国立公園として指定された日光、箱根、雲仙、大雪山などはこれまでの伝統的な風景観を追認したものであった。ところが、１９８７（昭和62）年に指定されたもっとも新しい国立公園である釧路湿原は、それまで美しいと考えられてきた風景とは異なっている。従来はたんにだだっぴろく虚ろな空間ととらえられていたが、湿原に特徴的な生態系の豊かさが認識されるにつれ、湿原のなかのかならずしも見えない生態系とそれが形づくる風景が重なって評価されるようになったのである。

■自然保護の全体像

問題をよりはっきりさせるため、都市における「自然保護」の問題を考えてみよう。都市とは、人間が生きるためにつくった人工的な空間であり、人間が操作、管理しやすい空間であることを前提とする。人間は、都市のなかにも自然を求めるが、それはいわば表層的なアメニティーというべき非常に気楽な、操作可能かつ安全な自然のことであって、それ以外はむしろ迷惑だと思っている。ところが自然は当然のことながら操作可能なものではなく、ここである種の矛盾にかならず陥るのである。たとえば、自然災害等という形で自然の荒々しさに直面すると、自然のもうひとつの本質にはじめて気づいてうろたえるということになる。成熟社会、言いかえれば国土全体がすでに機能的には都市化した今、自然保護を考えるときこの矛盾は、国土全体、日本社会のテーマと言えよう。

「自然保護」を考えるとき、生物学的側面からアプローチする方法と、人間側からの快適性や利便性から答えを追求する方法と2種類ある。私自身の30年間の自然保護体験、前述のような自然と人間とのある種の矛盾構造や「自然保護」という概念が歴史的につくられ変化してきたことをあわせ考えると、生物学的側面から進める論理だけでは、いまのところ人間も含めた自然の全体像はつくれないのではないかというのが実感である。

だとすれば、当面個人ないし社会の意識や認識のほうから、自然と人間との関係のありかたを追求していく以外に方法はない。人間と自然の関係のなかのさまざまなことをすべて総合したものが文化だとかりに言えば、まさに文化と自然保護、あるいは自然環境保全は重なってくるのである。

1987年、国立公園に指定された釧路湿原。湿原のもつ独特の生態系も評価の対象となった

生物多様性を巡る動き

かってはどこにでもいたメダカやタガメが姿を消しつつある。最近こうした身近な生物たちが絶滅の危機にさらされているという言葉をよく聞くようになった。こうした身近な生き物を含めたいわゆる「生物多様性」は、生活や産業的資源として私達に恵をもたらしているばかりでなく、人間生活に潤いや精神的豊かさを与える基盤ともなっている。そして「生物多様性」は豊かな環境のバロメーターでもある。「生物多様性」という言葉は、なかなか生活のなかになじみにくい言葉かもしれない。しかしながら、私達人間も含めた生き物のあるべき姿と、地球誕生からの生命の歴史を端的に表す言葉であるといえる。

環境省では、「生物多様性」を巡る世論の高まりや国内外の情勢の変化に対応するため、2001（平成13）年から約1年間かけて「生物多様性国家戦略」の改定作業を行い、2002（平成14）年3月、新・生物多様性国家戦略の策定に至った。

「生物多様性」とはなにか、「生物多様性」という言葉が歩んだ道のり、そして新・生物多様性国家戦略の策定がどのように行われたかを振り返ってみたい。

■生物多様性条約と国家戦略

生物多様性条約（正式名称　生物の多様性に関する条約）は、アマゾンなどの熱帯林の激しい伐採・破壊、それにともなう急激な種の絶滅への強い危機感が動機となり、1992（平成4）年に地球サミットで157カ国［2005（平成17）年2月現在締約国188カ国］により署名された。条約では、種、生態系、遺伝子の3つのレベルを対象として生物の多様性を保全することとし、生息地の保護や自然の回復などの対策、持続的な利用、生物のもつ遺伝資源から得られる利益の衡平な配分などを目的としている。ちょっとむずかしく聞こえてしまうかもしれないが、生き物の種、そしてその生き物が住む環境、さらに同じ種のなかでもさまざまにちがう遺伝子の多様性こそ大切であり、それによって実は人間も多くの利益を受けているということを認識し、その保全をうたったものである。

条約を締結した各国は、国内のなかで生物多様性にかかわる独自の戦略をつくるように奨励されている。これを受け、日本政府は1995（平成7）年に「生物多様性国家戦略」を策定した。当時、この国家戦略は『生物多様性に関連する各省の施策をたんに拾い上げ束ねたものである』、と専門家や自然保護団体から強い反発を受けた。しかし、11省庁（現在9省庁）が同じテーブルにつき、意見をとりまとめ、一歩前に踏み出したことの意義は大きかったと考える。

この1995（平成7）年の国家戦略において、「5年を目処に改訂を行う」旨が明記された。時代にあった施策を展開するためである。そこで、環境省は2001（平成13）年から約1年間かけてこの国家戦略の改定作業を行うこととした。まずは、2001（平成13）年3月から8月まで有識者との意見交換のための生物多様性国家戦略懇談会を月1回ペースで開催した。その後、関係省庁と新戦略の策定作業を進め、さらに半年をかけて中央環境審議会等で内容の検討を行った。そして、2002（平成14）年3月、地球環境保全関係閣僚会議で新・生物多様性国家戦略が決定したのである。

■国内における生物多様性

「生物多様性」という観点から、ここ10年あまりの動きを見てみたい（24ジペー表参照）。国際的にもさまざまな動きが活発だったが、国内の動きも劇的変化を遂げた。環境省としても種の保存法の制定［1992（平成4）年］や生物多様性センターの設置［1998（平成10）年］など、激動の10年であったが、もっとも特筆すべきは、こうした自然保護の動向が、建設省や農水省などの公共事業を行う官庁へも大きな影響を与えているということである。旧建設省河川局の多自然型川づくりを皮切りに、その他の省庁でも大なり小なり自然を保全し、むしろ自然をみずからの事業に取り込む方向で動いている。高度経済成長期やバブル景気の時期には考えられなかったことである。かつては開発する側と自然保護を訴える側という形でしばしば対立関係であった他省庁と環境省が、同じ方向に向かって協力しあえる関係にかわってきたことの意味は大きい。

また、北海道の時のアセス［1997（平成9）年］、東京都のディーゼル車規制［2000（平成12）年］、長野県の脱ダム宣言［2001（平成13）年］など地方自治体からより先進的な取組みが起こってきたことも見逃せない。

こうした背景には、国民やNGOの非常に活発な動きがある。長良川河口堰や諫早湾干拓の埋立問題などはNGOの活動によって社会問題として大きく取りあげられた。藤前干潟埋立のように中止されるに至ったケースもあり、国民意識の変化やその影響力の大きさが見て取れる。

さらに、希少な生物や山奥の原生的自然を重視する従来の自然保護の観念から、生態系や生物多様性の観点を取り入れた自然環境保全の考え方へとシフトしてきたことも特筆すべき点である。山奥から都市まで、また、人間を含めた生物全体の自然保護のあり方が求められているのだ。

■身近に感じる具体的な施策を

近年の生物多様性保全を巡る動向をまとめてみると、①国際的流れの変化、②各省の関連施策の充実、③自治体の先進的施策、④国民の意識変化とその実践等が浮き彫りとなってくる。こうした背景には、進学率（とくに女性の）の急激な上昇や都市化の進展、ＩＴの普及など、日本社会が成長型から安定型・成熟型へ変革しつつあることが大きく影響しているように思われる。

新・生物多様性国家戦略策定に際して重要視された点は、こうした世論の動きを見定め、誘導していくような具体的政策や施策の提案であった。奥山の原生的地域の厳正保護から、里地・里山といった中間地域の生物多様性の保全、さらに都市では自然の創出へということが新・国家戦略の大きなテーマであった。たとえば各省共同で、自然再生のための国土の新しいインフラ整備に着手するという発想の転換を行う方向でとりまとめが進んだのである。

新・生物多様性条約の内容とそれに対応する政策を少し紹介しよう。新・国家戦略では、われわれが直面する危機を３つに分けて整理した。

第１の危機　開発・乱獲による種の減少・絶滅、生息・生育地の減少などによる危機

第２の危機　自然に対する人間の働きかけが減っていくことによる影響（里地里山における生活・生産様式の変化や管理不足による自然の質の変化など）

第３の危機　移入種や化学物質などによる影響

この３つの危機を認識した上で、今後の政策として、①絶滅防止と生態系保全、②里地里山の保全、③自然の再生、④移入種対策、⑤モニタリングサイト１０００、⑥市民参加・

環境学習、⑦国際協力、の7項目を掲げ、具体的施策を展開することとした。そしてこれらの施策はその後着実に実施されてきている。

２００２（平成14）年12月には自然再生推進法が公布され、釧路湿原をはじめ、小笠原、大台ヶ原、阿蘇などで、現在自然再生事業が進められている。また、２００４（平成16）年6月には外来生物法が公布され、法に基づいた本格的移入種への対策が始められようとしている。これまで環境省が行ってきた自然環境保全基礎調査にも、モニタリングのシステム（モニタリングサイト１０００）が組み込まれ、着実に動き出した。さらに、里地里山においてもその管理方針を決定すべく、全国的な解析を行ったり、全国4カ所に里地里山保全再生モデル地域を設置し、地域ごとの戦略策定を行う作業を２００３（平成15）年度から開始した。

「生物多様性」をキーワードとして、環境行政は大きく舵を取り始めた。今後、時代の流れに沿って、さまざまな施策がさらに展開していくと期待したい。同時に、「生物多様性」という必ずしも耳慣れない言葉が、今後いかに人びとの心に刻み込まれていくかということにも注目していきたい。

池田和子

「生物多様性」史

年	国際的な動向	国内における動向 環境省関係	国内における動向 他省庁・自治体関係等	社会的動向
1990	気候変動政府間パネル報告 世界気候会議開催	自然公園法改正 地球温暖化防止行動計画を決定	多自然型川づくり事業開始（建設省） 河川水辺の国勢調査開始（建設省）	東西ドイツ統合 長良川河口堰問題
1991	IUCN、UNEP、WWFが「新・環境保全戦略」発表	レッドデータブック（脊椎・無脊椎動物）の刊行	再生資源の利用の促進に関する法律 森林インストラクター制度開始（林野庁）	湾岸戦争始まる ソ連消滅
1992	バーゼル条約発効 **生物多様性条約**、温暖化防止条約の採択 地球サミット開催	**種の保存法制定** 世界遺産条約締結 希少野生動植物種保存基本方針	外来魚の持ち込み規制に関する通知（水産庁）	山形新幹線開通 **バブル崩壊（バブル１９８５年～１９８９年末）**
1993	**生物多様性条約が発効** ラムサール条約締約国会議（釧路）	**生物多様性条約締結** 白神山地・屋久島を世界自然遺産として登録 環境基本法制定	希少野生動植物種保護管理事業開始（林野庁） 野生水産動植物の保護に関する基本方針策定（水産庁）	EC市場統合 行政手続法制定
1994	国連海洋法条約の発効 温暖化防止条約の発効 砂漠化対処条約の採択 IUCNレッドリスト評価基準の変更	生物多様性調査開始 自然公園等事業の公共事業化 種の保存法改正（器官、加工品の流通規制） 環境基本計画を閣議決定	環境政策大綱策定（建設省） エコロード事業開始（建設省） 緑の政策大綱策定（建設省）	米国内務省「ダム建設時代は終わった」と述べる EU発足
1995	日中トキ保護協力事業開始 国際サンゴ礁イニシアティブ構築 UNEP陸上活動からの海洋環境保護に関する世界行動計画採択	自然公園等核心地域総合整備事業（緑のダイヤモンド計画）開始 エコミュージアム整備事業開始 **生物多様性国家戦略の策定** 「水俣病対策について」閣議了解	エコ・ポート事業開始（運輸省） 農村自然環境整備事業開始（農水省） 環境保全型農業総合推進事業開始（農水省）	阪神・淡路大震災 地下鉄サリン事件 地方分権推進法制定

生物多様性を巡る動き

1996	1997	1998	1999	2000
アジア・太平洋地域渡り性水鳥保全戦略の策定 IUCN世界保全会議（アマミノクロウサギ保護勧告採択） 砂漠化対処条約の発効	国連環境開発特別総会 APEC持続可能な海洋環境のための行動計画採択 温暖化防止条約京都議定書の採択	南極条約環境保護議定書の発効	第1回日中韓環境大臣会合開催（ソウル） ラムサール条約第7回締約国会議（湿地の登録基準見直し） 世界環境デー東京開催	生物多様性条約バイオセイフティに関するカルタヘナ議定書採択 IUCN世界保全会議（ジュゴン勧告採択） IUCN外来種対策ガイドライン策定
自然公園法施行令改正（植生復元等保護施設を補助対象施設に追加） 猛禽類保護の進め方を策定 水俣病問題和解	自然共生型地域づくり事業開始 海域自然環境保全基礎調査開始 改訂レッドリスト（爬虫類・両生類・植物）公表 シギ・チドリ類渡来湿地目録公表 環境影響評価法（アセス法）制定	白神山地世界遺産センター設置 **生物多様性センター設置** 改訂レッドリスト（ほ乳類・鳥類）公表 環境ホルモン戦略計画SPEED'98策定	改訂レッドリスト（淡水魚類）公表 鳥獣保護法改正（特定鳥獣保護管理計画制度） 動物の愛護及び管理に関する法律の改正 PRTR法制定	改訂レッドリスト（無脊椎動物）公表 循環型社会形成推進基本法等循環関係法6本を制定 移入種問題検討会の開催 鉛散弾規制 新環境基本計画の閣議決定
エコ・コースト事業開始（運輸省・建設省・農水省） 環境ふれあい公園事業開始（建設省） グリーンプラン2000策定（建設省）	美しいむらづくり対策事業開始（農水省） エコタウン事業（通産省・厚生省） 河川法改正（河川環境の整備と保全） 橋本総理「公共事業再評価システム」導入を指示 北海道「時のアセス」導入	5全総策定（生態系ネットワーク形成）（国土庁） 地球温暖化対策推進法制定 水産庁レッドデータブック刊行	環境基本計画策定（郵政省） こどもパークレンジャー開始（文部省連携）	国有林野における緑の回廊の設定に関する通知（林野庁） ディーゼル車NO作戦（東京都） 公共事業抜本的見直し（中海干拓事業中止・吉野川第10堰改築事業見直し等）
新潟県巻町原発住民投票（反対が賛成を上回る） 小笠原空港建設問題	ロシア船籍タンカー「ナホトカ号」座礁 諫早干拓潮受堤締切り 香港、中国に返還	長野オリンピック NPO法制定 藤前干潟埋立計画問題	世界人口が60億を突破 普天間飛行場問題 所沢ダイオキシン問題 三番瀬埋立問題	有珠山・三宅島噴火 愛知万博計画見直し問題

年	国際的な動向	国内における動向：環境省関係	国内における動向：他省庁・自治体関係等	社会的動向
2001	第2期アジア太平洋地域渡り性水鳥保全戦略（2001〜2005）開始	省庁再編（環境庁から**環境省**へ） 共管事務（森林・緑地・河川・海岸・天然記念物）	森林・林業基本法制定 水産基本法制定 長野県「脱ダム宣言」	有明海のり不作問題 同時多発テロ（9・11）
2002	日本、京都議定書批准 持続可能な開発に関する世界首脳会議（ヨハネスブルクサミット）開催	**新・生物多様性国家戦略閣議決定** 土壌汚染対策法公布 自然再生推進法公布（自然再生事業が釧路、大台ヶ原などで実施）	フロン回収破壊法施行 建設リサイクル法施行	トヨタ自動車ハイブリッド乗用車を米国で限定販売開始
2003	生物多様性条約、バイオセイフティに関するカルタヘナ議定書締結 第3回世界水フォーラム開催	**自然再生推進法施行** 土壌汚染対策法施行 エコツーリズム推進会議設置	小学校の56・3％、中学校の40・5％が総合学習の時間で環境をテーマに（文部科学省） 食料・農業・農村基本法の改正（農業の多面的機能の明示）（農水省）	新型肺炎（SARS）が世界的流行
2004	生物多様性条約第7回締約国会議 船舶のバラスト水及び沈殿物の規制及び管理のための国際条約採択 世界の水鳥―地球規模のフライウェイ会議開催 IUCN世界自然保護会議（ジュゴン勧告採択）	カルタヘナ法施行 **外来生物法公布** 世界自然遺産の新たな候補地として「知床」を推薦 ヒートアイランド対策大綱決定	東京都（ディーゼル車運行に関する）条例施行 環境行動計画発行（国土交通省） 東京都レンジャー（東京都自然保護員）の配置	鳥インフルエンザ流行 ノーベル平和賞に女性環境活動家（ワンガリ・マータイさん）初受賞 全国各地でクマ出没多発 スマトラ沖地震
2005	京都議定書発効	特定外来生物の選定（オオクチバス、アライグマ、カミツキガメなど）予定		愛知万博

1　生物多様性のいま

絶滅する生物たち

■日本のトキ絶滅への歴史

１９９９（平成11）年5月21日、佐渡。中国から贈られた友友《ヨウヨウ》と洋洋《ヤンヤン》から生まれたトキの卵がついにふ化した。日本の人工増殖史上、はじめてのトキ優優《ユウユウ》の誕生である。この喜ばしいニュースは日本中を駆け巡った。その後さらに、中国から贈られた美美《メイメイ》と優優《ユウユウ》の繁殖も成功し、現在、58羽のトキが佐渡トキ保護センターにて飼育されている。

日本のトキ保護繁殖事業はまるで軌道にのったかのように錯覚しがちである。しかし、中国産ペアの成功の陰で、日本産最後のトキ（キン）は、２００３（平成15）年10月10日、ひっそりと死亡した。ついに日本産のトキは絶滅に至ったのである。佐渡で保護されてから、次々と仲間を亡くし、最後に残った１羽であった。繁殖不能なほどの高齢であり、日本産のトキの復活は絶望視されていたが、やはりその時はやってきたのである。

トキは学名をニッポニア・ニッポン（*Nipponia nippon*）といい、その名の通り日本を代表する鳥である。蛙、小魚、昆虫などを食べ、稲作文化を中心とする日本人の生活に深くかかわる生活史を持つ。かつてはロシア極東地方、中国、朝鮮半島、台湾、そして日本と東アジアに広く分布し、けっして珍しい鳥ではなかった。しかし、狩猟と生息環境の悪化にともない、ロシア、朝鮮半島、台湾ではすでに絶滅したと考えられている。日本では江戸時代のはじめ、おもに北海道、東北、関東、北陸などの東日本に分布していた。その後、禁猟区が設けられ、狩猟が厳しく取り締まられたことや諸藩が導入と繁殖に努めたことにより、西日本をはじめ国内各地に分布を広げていった（左図）。

ところが明治時代以降、トキは急速にその個体数を減らしてゆく。そのおもな原因はそれまで厳守されてきた銃器の規制がゆるみ、乱獲が行われたことによる。美しい羽は加工され、中国やロシアに輸出された。肉も冷え性に効くと信じられ、また水田を荒らす害鳥と敬遠されたことなどから、狩猟の対象となった。20世紀に入ると、日本国内のトキの記録はきわめてまれになる。１９０８（明治41）年、「狩猟に関する規則」の保護鳥にトキが加えられたものの、この時点ですでに絶滅寸前という状態だった。トキの最後の生息地となった佐渡においても、太平洋戦争中は保護どころではなくなった。逆に食糧増産・燃料確保のために森林伐採が進み、トキの生息域は狭められていった。

農薬の使用による中毒、減反によるえさ場の減少が追い打ちをかけ、さらにカラスやテンといった天敵の増加（カラスは山中のゴミ処分場の建設により増加、テンはサドノウサギの駆除のため人為的に導入）も絶滅要因のひとつになったといわれている。そしてついに１９８１（昭和56）年、佐渡で人工繁殖のため捕獲された5羽のトキを最後に野生のトキはいなくなってしまった。

１９７０年代のトキの分布　［資料「江戸諸国産物帳」（安田健、１９８７年）］

中国から贈呈された友友と洋洋（佐渡トキ保護センター提供　1999年撮影）

以後、捕獲した日本のトキと中国のトキとのペアリングを行うなどして増殖への努力がつづけられたが、トキは次々と死んでしまい、1995（平成7）年、唯一の雄であったミドリが死亡。そして2003（平成15）年、最後のトキ（キン）も死亡した。

■歯止めがかからぬ生物の減少

日本のトキの運命に見る絶滅のシナリオは、今後他の生物にも起こる可能性がある。トキの例でも明らかなように、絶滅の恐ろしい点は、個体数の減少など1度限界を超えてしまったら、後は坂道を転げ落ちるように絶滅の道を進んでしまうということである。個体数が減ることは遺伝の劣化を引き起こす。同じような遺伝子ばかりでは病原菌などに対応できず、また近親交配を繰り返すことになる。少ない個体数では台風や寒波などの環境の変化も耐えられない。

環境省のレッドデータブックによれば、日本で絶滅した動植物は、すでに102種（動物47種、植物55種）。ニホンオオカミ、オキナワオオコウモリなど日本固有種も多い。さらに絶滅の危機に瀕している動植物（環境省が定めるカテゴリの絶滅危惧種Ⅰ類、Ⅱ類）は2千663種（動物669種、植物1千994種）にまでのぼる。ほ乳類については、既知種約240種のうち、絶滅の危機に瀕しているのは約5分の1にあたる。

世界的に見ても野生生物の減少はとどまるところを知らない。アメリカ大陸に50億羽以上生息していたというリョコウバトは乱獲の末、たった50年ほどで絶滅してしまった。また、ベーリング海周辺の浅瀬に生息していたステラーカイギュウ（ジュゴンなどの仲間で体長8～9メートルほどの巨大な海牛類）も食糧資源として獲り尽くされ、1741年の発見から27年で姿を消した。

IUCN（国際自然保護連合）が発表しているレッドリスト2004では、1500年から現在まで784種が絶滅種として、60種が野生絶滅種として記載されている。そして絶滅危惧種としては1万5千589種が記載されている。脊椎動物、無脊椎動物、植物、菌類を含む非常に幅広い分類群からなるリストだが、その数字は驚異的である。しかしながら世界の190万種の既知種のうち3％以下しか科学的データがなく、この1万5千589という数字は絶滅危惧種総数のもっとも低い値といえる。

■法的規制と保護増殖事業

約40億年前に地球上に生命が誕生して以来、進化の過程によって多くの種が生まれては消えていくといった現象は、自然のプロセスのなかで絶えず起こってきたことではある。繁栄をきわめた恐竜も6千500万年前に絶滅したという話はよく知られている。しかし今日、野生生物は人間活動の圧力によって、歴史上かつてないスピードで絶滅している。現在の絶滅のスピードは過去の記録にある絶滅のスピードの50倍から500倍もの早さで進んでいると言われているのだ。

短時間での種の絶滅は、これまで長い時間をかけて微妙なバランスを保っている生態系に悪影響を及ぼしかねないとの危惧がある。なぜなら、さまざまな生物は食物連鎖をはじめとする複雑で多様な生態系のシステムに組み込まれて生活しているからである。人間にとっても生物の多様性は生活の基盤なのだから、他人事ではない。こうした危機感を背景に、1993（平成5）年に生物多様性条約が発効し、それを受けて日本においても生物多様性国家戦略が策定された。

IUCNは世界中の絶滅危惧種のリストを掲載したRDB（レッドデータブック）を1960（昭和35）年に刊行した。ワシントン条約（絶滅のおそれが高い野生生物の輸出入の規制を行うもの）は1975（昭和50）年に発効、ラムサール条約（水鳥の生息地を保護するもの）、世界遺産条約（貴重な自然遺産を保護するもの）も同年に相次いで発効した。

日本も、1993（平成5）年までに前述のすべての条約を締結し、1991（平成3）年にはRDBを刊行、1992（平成4）年には種の保存法を策定した。現在73種を国内希少種として指定し、タンチョウ、イリオモテヤマネコなど34種については保護増殖事業を行っている。

しかし、法的規制も保護増殖事業もまだまだ不十分との声も多い。地球温暖化、環境ホルモン、移入種問題といった野生生物の絶滅につながるような新たな問題も抱えている。メダカやギフチョウなどの身近にたくさんいた生物が絶滅の危機に瀕しているという、かつてない問題も起こってきた。

野生生物のおもな絶滅要因といわれているものは、①乱獲・過剰利用、②開発による生息地の破壊・減少、③化学物質などによる環境の汚染、④移入種による生態系の破壊、⑤地球規模の環境変化（温暖化、オゾン層破壊など）などで、そのすべてが直接的・間接的に人為によるものである。まさに野生トキ絶滅のシナリオがそれを端的に示している。トキで得た教訓を、今後わたしたちはどれくらい生かすことができるのだろうか。

池田和子

絶滅から救い出せ！——保護増殖事業

■より踏み込んだ保護へ

前章でトキの話をご紹介した。中国からもらい受けたトキの繁殖には成功したものの、残念ながら、２００３（平成15）年10月、日本産最後のトキ（キン）が死亡し、日本産のトキは絶滅した。こうした崖っぷちに立たされている動植物は、悲しいかなトキだけにかぎったことではない。個体数が１００以下というオーダーの動植物がその他にもいる。

個体数が数百、あるいは数十という種に対しては、その特定の種の生息地の保護や、種の増殖といった、より踏み込んだ方法が必要となってくる。種の保存法（絶滅のおそれのある野生動植物の種の保存に関する法律）ではそうした種を国内希少種として指定し、「個体の捕獲・譲渡に関する規制」、「生息地等の保護区の指定・開発規制」、「保護増殖事業の促進」を行っている。

現在指定されている国内希少種はトキ、ミヤコタナゴ、タンチョウ、ツシマヤマネコ、キクザトサワヘビなど73種。そのなかで生息地等保護区の指定があるものは7種、保護増殖事業計画があるものは34種となっている（左表）。

国内希少野生動植物種

（種名は和名による）

哺乳類（4種）	ダイトウオオコウモリ	鳥類（39種）	ウスアカヒゲ
	アマミノクロウサギ		オオトラツグミ
	ツシマヤマネコ		オオセッカ
	イリオモテヤマネコ		ハハジマメグロ
鳥類（39種）	アホウドリ		オガサワラカワラヒワ
	チシマウガラス		ルリカケス
	コウノトリ	爬虫類（1種）	キクザトサワヘビ
	トキ	両生類（1種）	アベサンショウウオ
	シジュウカラガン	魚類（4種）	ミヤコタナゴ
	オオタカ		イタセンパラ
	イヌワシ		スイゲンゼニタナゴ
	ダイトウノスリ		アユモドキ
	オガサワラノスリ	昆虫類（5種）	ベッコウトンボ
	オジロワシ		ヤシャゲンゴロウ
	オオワシ		ヤンバルテナガコガネ
	カンムリワシ		ゴイシツバメシジミ
	クマタカ		イシガキニイニイ
	シマハヤブサ	植物（19種、うち特定国内希少種6種）	アマミデンダ
	ハヤブサ		ムニンツツジ
	ライチョウ		ヤドリコケモモ
	タンチョウ		ムニンノボタン
	ヤンバルクイナ		アサヒエビネ
	アマミヤマシギ		ホシツルラン
	カラフトアオアシシギ		チョウセンキバナアツモ リソウ
	エトピリカ		ホテイアツモリ
	ウミガラス		レブンアツモリソウ
	キンバト		アツモリソウ
	アカガシラカラスバト		オキナワセッコク
	ヨナクニカラスバト		コゴメキノエラン
	ワシミミズク		シマホザキラン
	シマフクロウ		クニガミトンボソウ
	オーストンオオアカゲラ		タイヨウフウトウカズラ
	ミユビゲラ		コバトベラ
	ノグチゲラ		ハナシノブ
	ヤイロチョウ		キタダケソウ
	アカヒゲ		ウラジロコムラサキ
	ホントウアカヒゲ	合計73種	

■アホウドリの危機

成功を収めているアホウドリを例に保護増殖事業を紹介したい。

アホウドリの仲間は世界中に14種。そのなかで、日本で繁殖するアホウドリ（*Diomedea albatrus*）は日本固有種である。羽を広げると2・5メートル《メートル》、体重約7キロ《キロ》にもなる北太平洋最大の海鳥で、現在伊豆七島の鳥島（無人島）と尖閣《せんかく》列島のみで繁殖し、夏はアリューシャン列島やベーリング海など北太平洋全域に広がって生活していると考えられている。「アホウドリ」という名は動きが鈍く、人を恐れず、簡単に人間が捕獲できたため名付けられたようだが、漁師のあいだでは「オキノタイフ（沖の太夫）」という立派な名で呼ばれていたようである。

実はこのアホウドリ、1度絶滅宣言が出された鳥なのである。かつて、アホウドリは小笠原諸島、大東諸島、台湾周辺でも繁殖していた。ところが、その羽毛に目をつけられ、繁殖地での乱獲が始まった。風に向かって走らないと飛び立つことができず、簡単に捕まえられるということが災いした。その後火山の噴火などの天災も重なり、1949（昭和24）年、アメリカのオースチン博士が調査をした時は1羽も発見できず、絶滅したと発表された。ところがその2年後の1951（昭和26）年、鳥島南端の燕崎で10羽前後のアホウドリが繁殖しているのが発見されたのである。

当初は鳥島にある気象観測所の人びとによって保護活動が始められた。1956（昭和

31）年には天然記念物、1962（昭和37）年には特別天然記念物になった。その後火山性の地震が群発したため観測所は閉鎖され、鳥島はふたたび無人島になった。

■アホウドリを救え

アホウドリが種の保存法で国内希少種に指定されたのは1993（平成5）年だが、それ以前の1981（昭和56）年から環境庁（当時）は保護増殖事業を開始した。当時の生息数は170羽程度。危機的状況だった。「保護する」「数を増やす」と言葉で言うのは簡単だが、実際、動植物相手には非常にむずかしい。アホウドリの場合も、保護・増殖を行うに当たり、ふたつの手段が取られた。

ひとつは法的に保護の手をさしのべることである。アホウドリは鳥獣保護法により捕獲が禁止されたほか、種の保存法の前身である「特殊鳥類の譲渡等の規制に関する法律」に基づき、特殊鳥類として1972（昭和47）年から譲り渡しなどが原則禁止された。また、鳥島は国指定鳥獣保護区（国が指定する鳥獣保護区）として生息地の保全が図られてきた。さらに、鳥島とアホウドリが特別天然記念物に指定されたことでも保護の手がさしのべられた。1992（平成4）年に種の保存法が制定されてからは国内希少種に指定され、引きつづき保護増殖事業が行われている。

ふたつ目の手段は実際に現場で保護増殖のための措置を講じることである。アホウドリ

鳥島・燕崎で繁殖するアホウドリ

のカップルは繁殖に当たってたった1個の卵しか産まない。だからその年の繁殖が失敗すればそれは大きな痛手となる。アホウドリは鳥島燕崎の非常に不安定な急斜面でのみ、火山灰や砂などを寄せ集めて巣をつくり繁殖していた。これではせっかく産んだ卵も、突風や雨で土砂に流されてしまったり破損してしまう。こうしたことから、アホウドリの保護増殖には安全な繁殖場所の確保が最大の課題となった。

そこで土砂の流出を防ぐため土留め工を施したり、伊豆諸島によく見られるハチジョウススキが移植された。ススキを植えることで地盤が安定し、その枯葉や茎で巣をつくることができる。こうした事業により、1985(昭和60)年の春からは50羽以上のヒナが巣立つようになった。

さらに、この燕崎のほかに安全な新コロニーを設営することが提案された。そこで、巣づくりに適した初寝崎にアホウドリそっくりのデコイ（実物大模型）を置き、スピーカーで繁殖期の鳴き声を流しつづけた。アホウドリは1度繁殖した場所へ毎年戻ってくる習性がある。まだ成鳥になる前の若いアホウドリに、新コロニーの場所が集団営巣地だと見せかけて呼び寄せ、繁殖してもらおうというのである。1991（平成3）年に始まったこの試みが実を結んだのは1995（平成7）年。はじめて1羽のヒナがここから無事巣立ちをした。同じ番《つが》いによって、2003（平成15）年までに合計7羽が飛び立った。そして、2004（平成16）年従来の1番《つが》いに加えて、新たな3番《つが》いによる産卵が確認されている。

繁殖地を安全な場所に誘導する事業のほかにヒナに足輪を付けて個体識別し、モニタリングをしたり、発信器による衛星追跡調査、無人カメラによる観察など保護のための研究も同時進行で行われている。

こうした事業が成功し、アホウドリは現在1千600羽を突破するまでに至った。1998（平成10）年には環境省のレッドデータブック上も、絶滅危惧Ⅰ類からⅡ類へその位置づけが見直された（緩和された）のである。

■保護増殖への険しい道

アホウドリは成功例だが、トキのように日本産のものでは増殖できず、中国産をもらい受けて保護増殖を進めるケースもある。北海道で行われているタンチョウの保護増殖事業は給餌などで数は増えたものの、それに対応する繁殖地をどう増やしていくかという新たな課題を抱えている。

保護増殖が必要になるような状態へ追い込む前に、開発の手をゆるめたり、環境を改善したりすることが本当は必要である。なぜなら絶滅寸前まで個体数が減った種は、たとえ結果的に絶滅から救うことができたとしても、遺伝子の多様性が失われ、その分、環境変化への対応能力が衰えていくからである。

アホウドリの場合は鳥島というわたしたちの生活とは少々かけ離れた場所での例だが、メダカやタガメなどわたしたちの生活のすぐそばで進行している危機もある。わたしたちは自分たちの生活だけでなく、共存している生物たちの生活の危機的状況とその危機の理由をもっと知る必要がある。

池田和子

生命のゆりかご　干潟

「干潟」がどのような場所を指すのか、実感としてわかる人はあまり多くないにちがいない。では、「アサリが採れる場所」ならどうだろう。もし潮干狩りに行ったことがあれば目に浮かぶはずだ。遠浅の海岸で、干潮になると現れる砂や泥混じりの地面を熊手で掘っていると、運が良ければアサリが顔を出す……「干潟」とは、干潮時になると出現する砂泥質の平坦な土地のことで、アサリなどの二枚貝やゴカイをはじめ、それらを餌とする水鳥など多くの生き物たちの格好のすみかになっている。

■東京湾奥にのこされた干潟　三番瀬

埋め立てが進み、工場地帯や高速道路、高層住宅などに囲まれ、コンクリート護岸が連なる東京湾。首都圏の巨大な人口が排出する多量の生活排水や工場排水が流れこむため、ほとんど死んだような海というイメージがある。だが、そんな東京湾奥に、まだ自然の干潟がかろうじてのこっているのをご存じだろうか。そのひとつが通称「三番瀬」。千葉県市川市と船橋市の沖合に広がる約1千200ヘクタールの干潟・浅瀬である。

東京湾に残された自然の干潟　三番瀬

三番瀬を訪れるなら、春から初夏にかけて、そして船橋側の方がアプローチしやすい。干潮時を選んで船橋海浜公園の突堤沿いに進むと、波の模様がのこる干潟につづいて浅瀬がはるか沖まで広がっているのが見えてくる。なんと1キロ沖まで行っても水深1メートルにもならないというから、驚きだ。干潟に降りてまず気づくのは、見渡すかぎり点々と広がる小さな砂の盛りあがりだろう。これはゴカイが砂泥中の有機物を食べて排せつしたもので、じっと見ていると、地面からチューブを絞るように砂が押し出されてくる場面に出くわす。また、干潟をちょっと掘ってみるだけで、シオフキやアサリなどの二枚貝が砂のなかからごろごろと出てくる。潮だまりや浅瀬を歩くと、ハゼの稚魚が驚いて逃げていき、隠れていたガザミがはさみを振りあげてきたりする。付近で干潟遊びをしている少年たちに聞くと、全長3メートル級のアカエイもいるそうだ。これは尾に毒を持っているから要注意。空を見あげれば、南から渡ってきたコアジサシの群れが飛び交い、遠くの水際ではシギやチドリの仲間がえさをついばむ姿が見える。

海岸線こそコンクリートの垂直護岸になって久しいが、その沖合にのこされた三番瀬には、倉庫や工場に取り囲まれ、大型船舶が行き交う湾岸地帯のまんなかであることが信じられないほど、実に多くのいのちが息づいているのだ。

■干潟はどんな働きをしているのか

河川によって運ばれてきた砂や泥が堆積し、河口部や海岸など陸と海の接点に発達する干潟。一見砂や泥のたまった広がりにしか見えないが、実はさまざまな生物にとっての重要なすみかやえさ場、産卵の場になっている。その地味な見た目からは想像できないほど豊かな生き物の営みは、どのようにして成り立っているのだろうか。

干潟の豊かさのカギは、陸と海、双方からの働きかけにある。まず、近くの河川から流れこむ栄養分が豊富な環境であること。そして、潮の干満により干あがったり水没したりを繰り返すので、適度な水の入れ替えがあり、空気中から酸素が供給されやすい。このため、有機物を分解するバクテリアや光合成を行う珪藻などの微小生物をはじめ、ゴカイや二枚貝などの底生生物が大量に生息し、魚類は産卵場所や稚魚の育つ場として利用している。さらに、それらの小さな生物をえさにする大きな魚や水鳥も多く集まってくるのである。冬の三番瀬には5〜10万羽のスズガモが飛来するというから、そのえさとなる生き物の豊富さは推して

干潟面積の推移

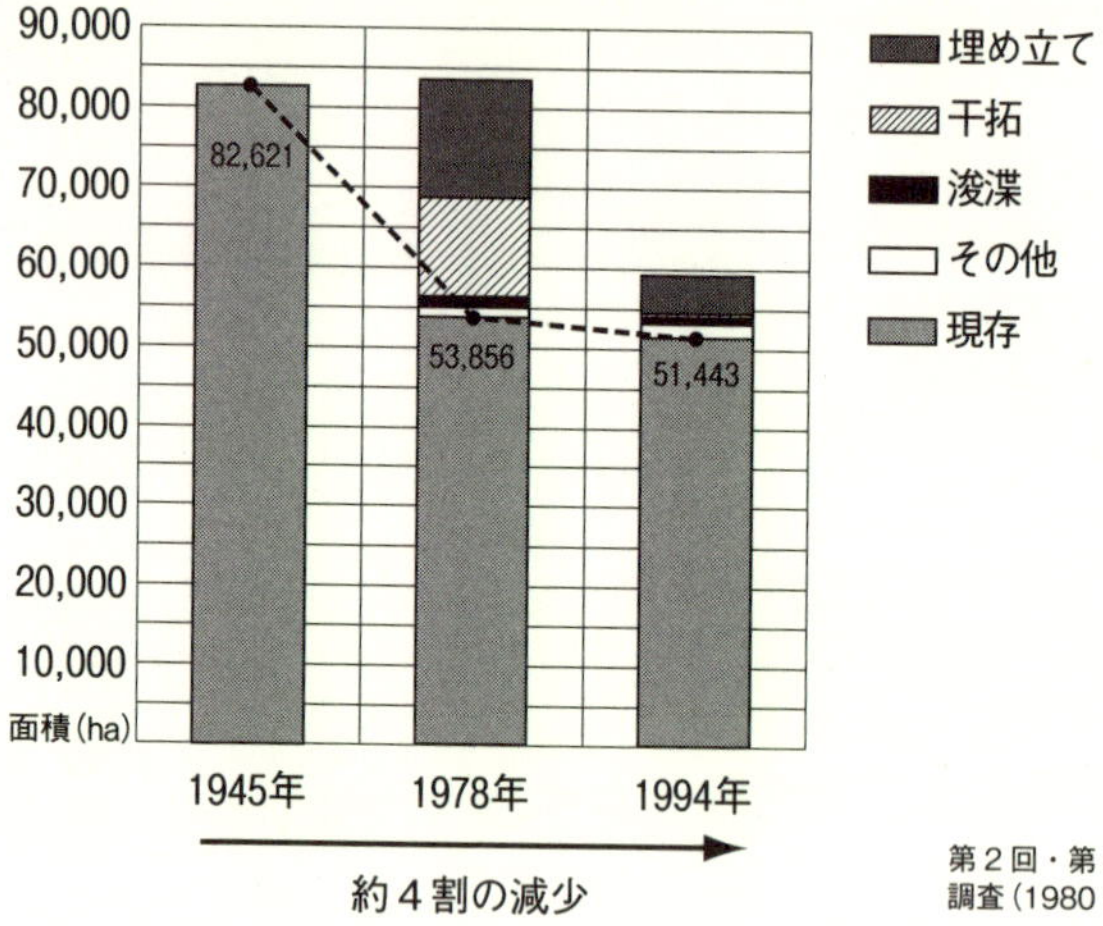

第2回・第4回自然環境保全調査（1980・1994）より作成

知るべしだろう。干潟は、そこに生活する多種多様のいのちを支えているのだ。

最近とくに注目されているのは、干潟での複雑で活発な生物活動が、海水の水質浄化に役立っていることである。たとえば、濁った海水が入った容器に二枚貝を入れ、しばらく置いておくと水が澄んでくる。大きめのアサリ1個で、1時間に1リットルもの海水をろ過するという。一方、ゴカイやコメツキガニは砂泥中の有機物をせっせと食べて体内に取りこむ。干潟の底生生物の営みは、海水や底泥を浄化する役割を果たしているのである。

■減少する干潟

山地が国土の4分の3を占める日本において、平地が広がり人口が集中する沿岸部は、きわめて開発されやすい地域だ。高度成

東京湾の干潟：現在と明治時代の比較

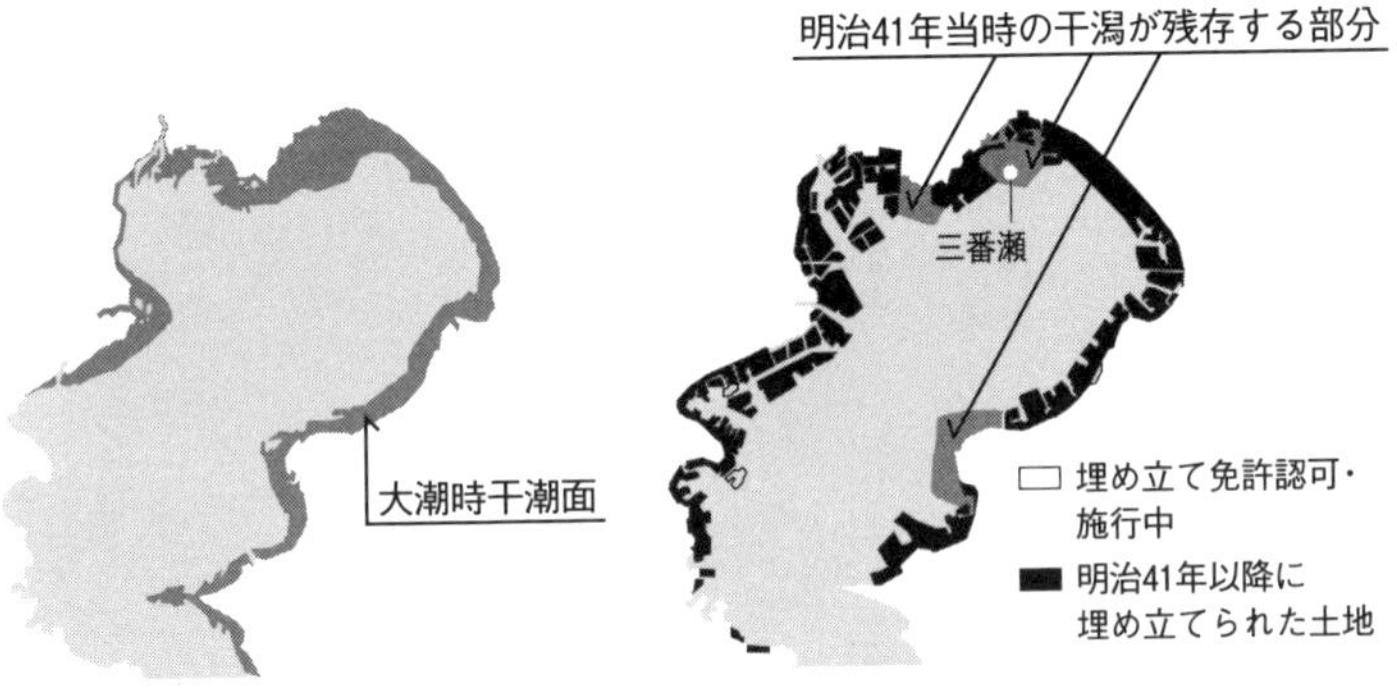

明治41（1908）年の東京湾　　平成7（1995）年の東京湾

『生物多様性キーワード辞典』（生物多様性政策研究会編）をもとに作成

長期には、都市化や産業の発展などによって干潟の埋め立てや干拓が進み、戦前と比較してなんとその4割が消失してしまった。現在、日本全国にのこされた干潟面積は約5万ヘクタール「1998（平成10）年、第5回自然環境保全基礎調査」。もっとも多くのこっている海域は九州の有明海で、全国の約40％を占めており、周防灘西海域、八代海、東京湾とつづく。干潟消失のスピードは近年鈍っているものの、廃棄物処分場や港湾施設、飛行場などの大規模な埋め立てが依然として進行している。

■開発と保全のはざまで

のこされた干潟の重要さと保全のむずかしさを広く世間に知らしめたのは、1997（平成9）年の諫早湾の締め切りだろう。今また、沖縄最大級の干潟、沖縄市の泡瀬干潟で大規模な埋め立てが進行しており、かけがえのない自然がまさに失われようとしている。
ただ、開発サイドの姿勢にも変化の兆しが見られる。以前は干潟の安易な埋め立てが行われていたのに対し、最近では、高い生産力に支えられた生態系の多様性や水質浄化機能、渡り鳥のえさ場・中継地としての役割など、干潟の豊かさや多面的な機能が見直されてきた。

三番瀬では、１９９０（平成２）年に７４０㌶を埋め立てる計画が持ちあがったが、長年にわたる調査や検討をふまえて計画を縮小した後、２００１（平成13）年９月に千葉県知事により中止された。そして三番瀬の保全と再生について議論するため、行政や学識経験者、ＮＧＯなど幅広い層からなる円卓会議が設置され、２００４（平成16）年１月に三番瀬再生計画案がとりまとめられた。

シギ・チドリの中継地として重要な伊勢湾の藤前干潟では、かつて廃棄物最終処分場を目的とした埋め立て計画があった。しかし、１９９９（平成11）年１月、名古屋市は計画を断念し、保全の道を選んだ。そして２００２(平成14)年11月、ラムサール条約湿地に登録されたのである。

全国各地にわずかにのこされた干潟は、まさにひん死の状況にあるといっても過言ではない。これからは、のこされた干潟を保全しつつ、失われた干潟の機能を人間の手で取り戻していくことが必要だ。かつて、われわれの祖先が享受していた干潟生態系の豊かな恵み。それを少しでも健全な姿で引き継いでいけるかどうかは、今を生きるわれわれにかかっている。

守分紀子

Wise Use（ワイズ・ユース）への挑戦
――藤前干潟のこれまでとこれから

■のこされた渡り鳥の楽園

伊勢湾にまとまってのこされた最後の干潟といわれる藤前干潟。濃尾平野のデルタ地帯を流れる庄内川・新川・日光川の河口部に位置し、名古屋市中心部からも近い。国内有数の貨物取扱量を誇る名古屋港の港湾区域内にありながらも、奇跡的に埋め立てを免れた場所だ。倉庫群や清掃工場が立ち並ぶ埋立地に囲まれ、外海に通じる方向には、伊勢湾岸道路の斜張橋が眼前に立ちはだかる。漁業も行われていない、まったくの工業地帯の海である。ところが、潮が引いて干潟が顔をのぞかせると、あたりの様相は一変する。どこからともなくたくさんの水鳥が集まってきて、水際あたりでゴカイや小魚をついばみ始め、干潟には生き物のにぎわいが満ちていく。

シギ・チドリ類の渡りのルート上にあたる藤前干潟では、春と秋には羽を休めるシギやチドリの群れでいっぱいになる。２０００（平成12）年春には、国内最多となる１万１千羽もの飛来数が記録された。オーストラリアや東南アジアで越冬し、夏は繁殖地のシベリ

東アジア・オーストラリア地域におけるシギ・チドリ類の渡りルート

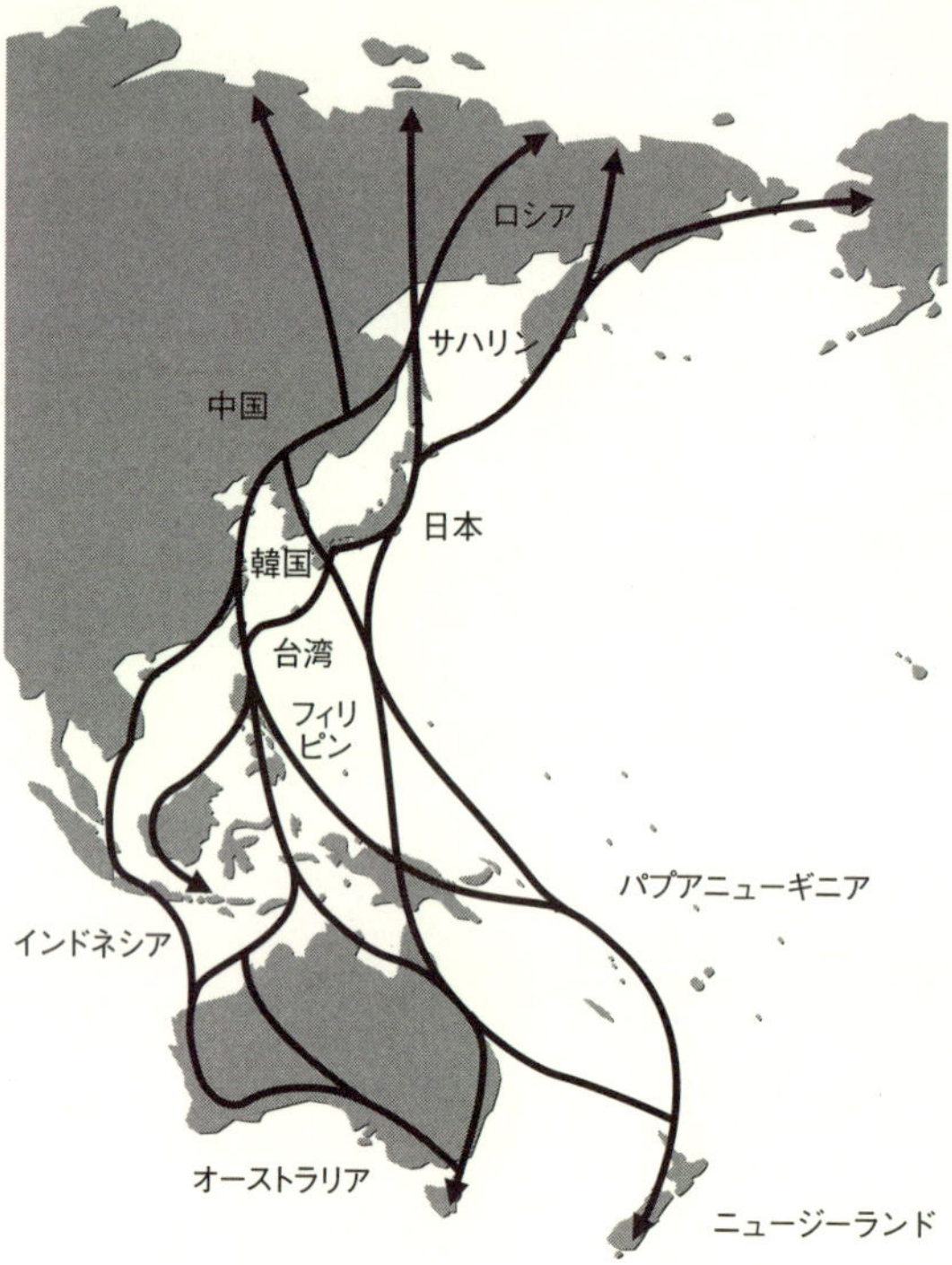

（出典　生物多様性政策研究会編『生物多様性キーワード事典』）

アなどへ長距離を移動する彼らにとって、藤前干潟のようなエネルギー補給地は、なくてはならない存在でなのである。

■フジマエ、ラムサール条約湿地に

この藤前干潟ほど、劇的な道をたどった干潟はほかにないだろう。名古屋市のゴミの最終処分場として埋め立てられる計画だったが、1999（平成11）年1月、市民運動の高まりと環境庁（当時）の否定的見解を背景に、名古屋市は計画を断念する決断をくだした。このことが、干潟生態系の豊かさとその重要性について、世のなかに広く認められるきっかけのひとつになったといっても過言ではない。

そして2002（平成14）年11月、ラムサール条約の第8回締約国会議（スペイン・バレンシア）の開催にあわせ、藤前干潟はついに日本で13番目のラムサール条約湿地に登録された。シギ・チドリ類の中継地としての国際的な重要性が認められたのである。

成功物語として語られる「フジマエ」だが、埋立計画の中止からラムサール条約湿地登録までの道のりは、けっして平坦ではなかった。地元の名古屋市は２２０万の人口を抱える日本第３の都市であり、まさに都市環境問題が凝縮されている場所だ。ゴミ処分場計画の中止だけで、干潟が恒久的に保全されたわけではなく、藤前干潟に替わるゴミ処分場確保をはじめ、さまざまな問題にぶつかりながら進められたのである。

■ゴミ問題との格闘

名古屋市では、バブル崩壊後の１９９０年代後半もゴミ量が増えつづけ、１９９８（平成10）年度には過去最高の１０２万トンを記録した。ところが、埋立計画の中止により、新たな処分場確保の見こみが立たなくなったのである。使用中の処分場の埋立完了は、わずか２年後に迫っていた。緊急事態に追いこまれた名古屋市は、１９９９（平成11）年２月、「ごみ非常事態宣言」を発表。向こう２年間でゴミ量を22％削減するという目標を掲げ、ゴミ減量行動を市民に呼びかけた。

「このままでは処分場があふれる」という危機感は、名古屋市の廃棄物行政を動かし、市民の意識をかえた。ゴミ指定袋制度や事業系ゴミの有料化などさまざまな手段が導入され、市民も積極的にゴミの減量に取り組んだのである。なかでも効果をあげたのは、容器リサイクル法の全面施行を契機として2000（平成12）年8月に導入された、新分別方式であった。容器包装などの資源ゴミを含め、14種類もの分別が市民に求められた。導入直後はかなりの混乱が生じたものの、結果的には2年間でゴミ量の23％減という劇的な削減を達成し、市民1人1日あたりのゴミ量は約900グラム、全国平均の約8割になったのである。さらに埋立ゴミはほぼ半減、処分場の延命策もあって、当面は藤前干潟に替わる新たな埋め立ても必要なくなった。

　干潟の保全により、顕在化したゴミ問題に正面から向きあうこととなった名古屋市。名古屋の「ごみ戦争」ともいわれた2年間は、大量生産・大量消費・大量廃棄を前提とした廃棄物政策と市民のライフスタイルを、循環型社会へとかえる第1歩となったのだ。

■干潟保全への道のり

　ラムサール条約は、とくに水鳥の生息地として国際的に重要な湿地を保全するため、1971（昭和46）年にイランの小さな町ラムサールで採択された。2005（平成17）年2月現在、全世界の登録湿地は1421カ所、合計面積は約1億2千400万ヘクタールにのぼるが、国際的に重要な湿地として登録されるには一定の基準を満たしていなければならない。藤前干潟の場合、8つの基準のうち、①絶滅のおそれのある種が定期的に利用し

国内最大級のシギ・チドリ類の中継地、藤前干潟　大都市に残る貴重な自然環境である
（撮影　森井豊久）

ていること、②動植物種のライフサイクル上の重要な段階を支えていること、③2万羽を超える水鳥を定期的に支えていること、の3つを満たしており、国際的に見ても非常に価値のある干潟である。

埋立計画の中止後、藤前干潟のラムサール条約湿地への登録を目指す環境省は、前提条件となる国設鳥獣保護区・特別保護地区の指定を具体的に検討し始めた。しかし名古屋という大都市のなかに位置する藤前干潟は、港湾区域や河川区域としても管理されており、周囲の陸上部には水田や養魚場が広がる社会的環境にある。藤前干潟と周辺地域が果たしている社会的役割や、そこで行われているさまざまな人間の営みと、干潟の保全をいかに両立させるか。区域設定にあたっての課題は小さくなかった。

とくに問題になったのは、治水事業との兼ねあいである。鳥獣保護区・特別保護地区内での浚渫《しゅんせつ》は規制対象にならないが、干潟に影響がないように慎重を期すことになる。庄内川・新川下流部は2000（平成12）年9月の東海豪雨により甚大な被害が出た場所だけに、住民からは治水事業優先の声が強く、治水と干潟の保全の両立は今後の課題としてのこされた。

こうした数々の調整を経て、環境省が藤前干潟とその周辺７７０ヘクタールの国設鳥獣保護区設定にこぎつけたのは、２００２（平成14）年9月。登録を予定していた締約国会議開催のわずか2カ月前だった。そして埋立計画の中止からは、3年半以上が経っていたのである。

■干潟の賢明な利用に向けて

「Ｗｉｓｅ《ワイズ》 Ｕｓｅ《ユース》（賢明な利用）」は、ラムサール条約の理念のひとつである。「生態系の自然財産を維持することができるような方法で、人類の利益のために持続的に湿地を利用すること」と定義されている。湿地を隔離してそのまま保存するのではなく、人間の生活や営みと湿地保全のバランスをとりながら、人間生活の向上のために湿地の資源を持続的に利用していくことが求められているのだ。

ラムサール条約湿地となった今、藤前干潟はＷｉｓｅ Ｕｓｅの実現に向けてのスタート地点に立ったばかりである。地域全体のあり方にもかかわる数々の課題が待ち受けているが、大都市にのこされた貴重な自然環境として保全され、干潟の重要性や循環型社会のあり方を学ぶ場として適正に活用されていくことを願う。

守分紀子

海からの使者、ウミガメはなにを語る？

■ウミガメが浜にあがる季節

毎年4月になると、そろそろウミガメの産卵が気になりはじめる。数年前、紀伊半島の先端に近い和歌山県新宮市で勤務していた時には、職場のすぐ近くにアカウミガメが産卵する浜があった。紀伊半島はリアス式海岸が多いが、三重県熊野市から新宮市にかけての七里御浜と大浜では、砂混じりのまっすぐな砂利浜が20キロあまりつづく。数はそれほど多くないものの、沖を流れる黒潮に乗って、毎年のようにアカウミガメが産卵にやってくる場所である。

七里御浜と大浜は吉野熊野国立公園に指定されており、5月から9月までのあいだは浜への車両の乗り入れを規制している。砂中の卵がつぶされたり、ふ化した子ガメが車のわだちに阻まれて海に帰れなくなったりする可能性があるためだ。シーズン中は、地元の役場やウミガメ保護団体の方々と浜をパトロールしたり、海浜工事の担当者に掛けあって工期をずらしてもらったりと、ずいぶん気を使った。ウミガメのあがる美しい浜がわがまちにあること、そのことが地元の誇りになっていたように思う。しかし一方では浸食で浜が

三重県・七里御浜に上陸したアカウミガメ（撮影　花尻　薫）

狭くなったり、堤防などの構造物が増えたりと産卵環境の悪化も心配されていた。この季節になると、今年もちゃんと産卵にやってきてくれるだろうかと祈るような気持ちになる。

■日本沿岸にやってくるウミガメ

ウミガメは、約1億年前の中生代白亜紀にはすでに地球上に存在していたという。地上ではまだ恐竜が闊歩《かっぽ》していた時代である。そして化石で確認されているだけでもこれまで200種以上が出現したとされているが、現在生きのこっているウミガメは世界中でも7種しかいない。そのすべてが、国際自然保護連合（IUCN）によって世界的に絶滅のおそれのある種に指定されている。

日本沿岸に産卵に来るのは、アカウミガメ、アオウミガメ、タイマイの3種である。そのうちもっとも高緯度の海域に生息するアカウミガメは、本州中部から八重山諸島までの広い範囲で産卵するのに対し、アオウミガメは鹿児島県の屋久島以南、タイマイは沖縄本島以南とより暖かい海を好む。南北に長い日本では、地方によって産卵にやってくるウミガメの種類にちがいがみられるのだ（上図）。エサも、アカウミガメは貝類やエビ・カニなどの甲殻類を食べているが、アオウミガメはアマモなどの海草やホンダワラ類などの海藻、タイマイはカイメン類をおもに食べている。種のあいだで競争が起こらないよう、生活様式にちがいを持たせているというわけである。

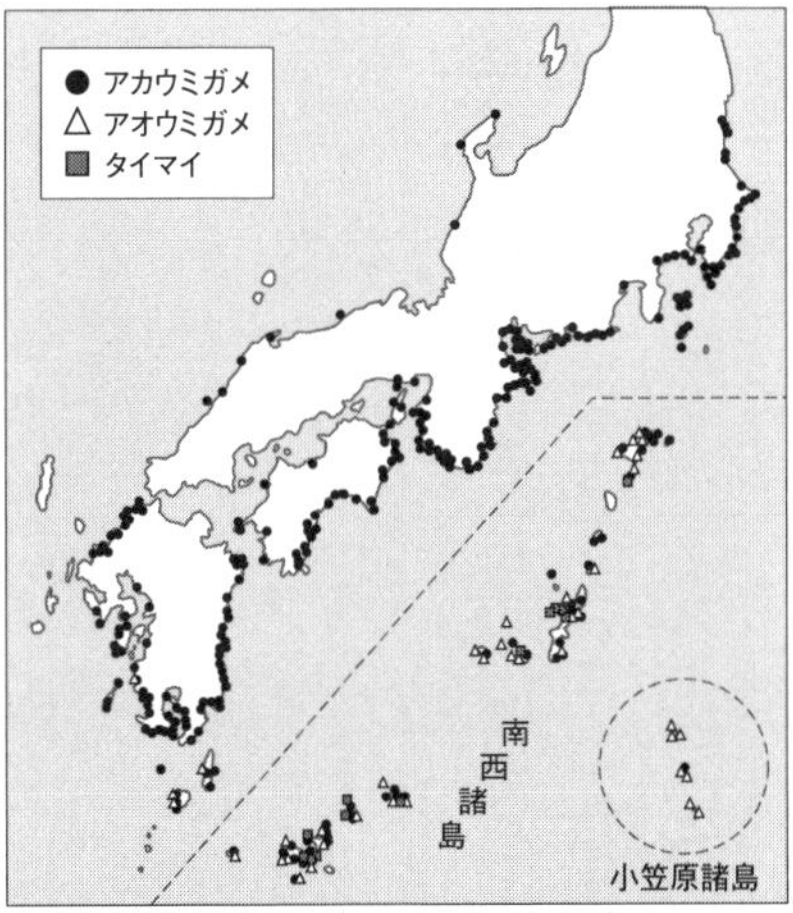

日本の沿岸におけるウミガメの産卵地
第５回自然環境基礎調査より作成

アカウミガメは、本州・四国・九州に産卵にやってくる唯一のウミガメだ。太平洋だけでなく、インド洋、大西洋、地中海にも広く生息しているが、北太平洋の産卵地は日本沿岸だけと言われている。もしも日本沿岸に産卵できる砂浜がなくなれば、北太平洋に生きるアカウミガメは絶滅してしまう可能性さえある。日本沿岸のアカウミガメを保護することは、世界的にみてもとても重要なことなのだ。ところが、ウミガメは一生の大部分を海で過ごすため、その生態はわかっていない点が多い。陸上で過ごす期間、つまり親ガメが砂浜に上陸して卵を産み、数カ月たってふ化した子ガメが地上に出てきて海に戻っていくまでのプロセスはかなり調査・研究が進んでいるのだが、海にいるアカウミガメはどこでなにをしているのか、多くはまだ謎に包まれたままだ。

■人工衛星でウミガメを追跡する

広い海を回遊するウミガメの移動を調べる方法は、これまでいろいろ試されてきた。一番簡易で広く行われているのが、標識をつけて放流する方法である。捕獲した個体に標識をつけておき、ふたたび捕獲されればその場所まで移動したことがわかるという仕組みだ。コストは安いが、再捕獲されるのは漁業による混獲(誤ってウミガメを捕獲すること)と沿岸漂着が中心となるため、データが沿岸域に偏ること、途中の経路がわからないという欠点がある。

人工衛星で追跡したウミガメの動き

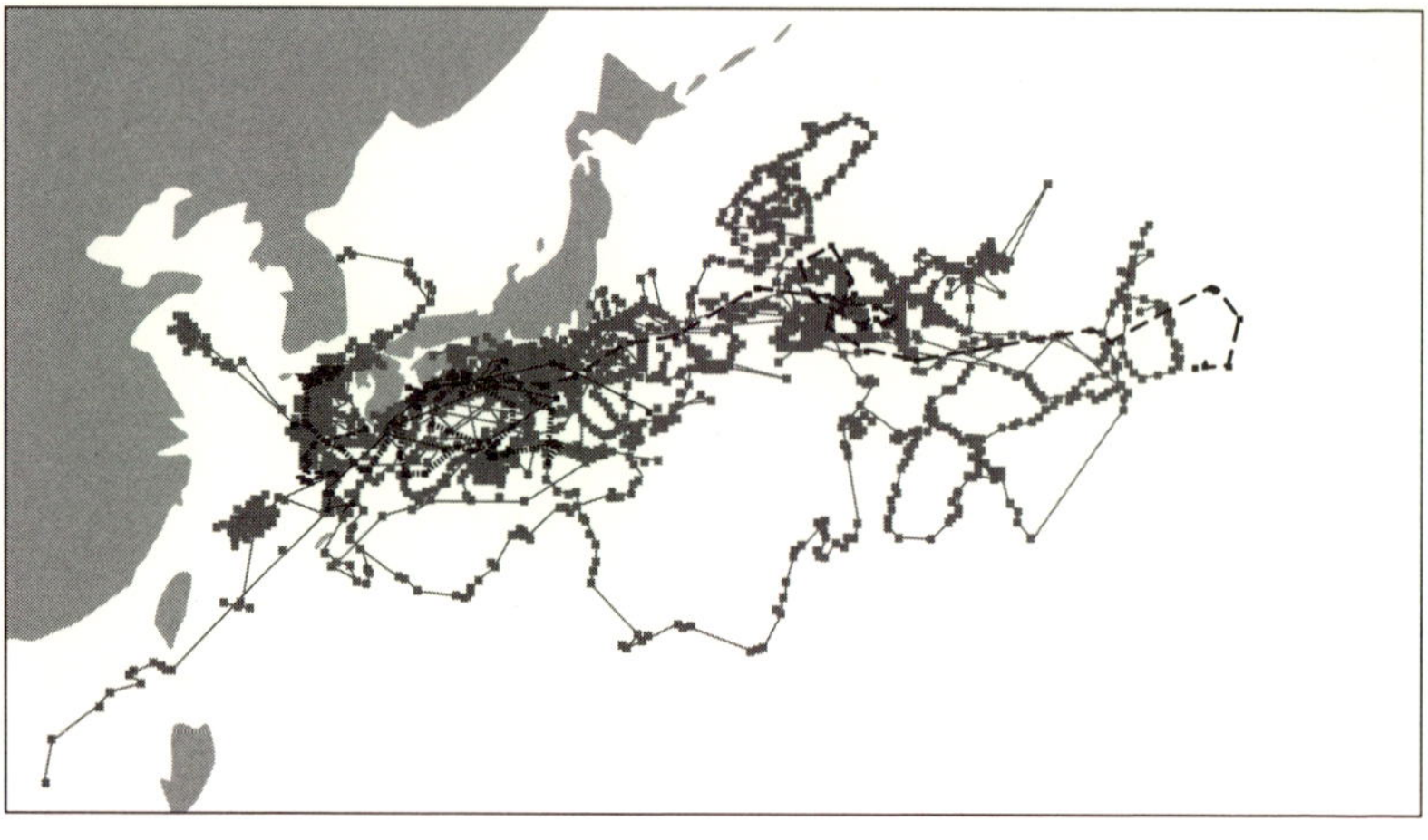

近年注目されているのが、ウミガメに発信器を装着して人工衛星で追跡する方法だ。ウミガメは肺呼吸なので水面に浮上して呼吸する。その時を利用して発信器から電波を発信し、人工衛星で受信してリアルタイムに位置情報を得るという仕組みだ。この方法であれば、誤差は数百メートル～数キロメートルであり再捕獲も必要ないことから、1990年代後半以降さかんになってきた。

NPO法人日本ウミガメ協議会では、環境省の業務を含め、2000（平成12）年から2003（平成15）年までにのべ24個体に発信器をつけ、人工衛星による行動追跡を行ってきた（右図）。その結果、従来日本沿岸に産卵に来るアカウミガメは東シナ海の大陸棚をエサ場としているといわれてきたが、太平洋の広い範囲を回遊しているもの、遠く南シナ海まで到達するものもいることがわかってきた。

産卵後東シナ海に行く個体と太平洋上を回遊する個体になにかちがいはあるのか、水深の深い太平洋沖合では海底の貝類や甲殻類は食べられないがなにをエサにしているのか、回遊ルートを解明するためには、まだまだ調査を積みあげる必要がありそうだ。

■ウミガメを守る意味とは

日本沿岸ではたくさんの子ガメが生まれるが、若いアカウミガメに出会うことはほとんどない。若い個体がどこで過ごすのかは長らく謎とされてきたが、これまでの標識調査や人工衛星による追跡調査の結果から、日本沿岸で生まれた子ガメは黒潮に乗って太平洋を横断し、メキシコ沿岸のエサの豊富な海域で成長してから、産卵のためふたたび太平洋を横断して日本沿岸に戻ってくることが明らかになっている。理由ははっきりしないが、北太平洋のアカウミガメは一生のあいだに実に長い距離を移動し、成長と繁殖に異なる環境を利用しているのだ。

前述のように、日本沿岸は北太平洋のアカウミガメにとって唯一の産卵地である。各地の「ウミガメのあがる浜」を守っていくことが、アカウミガメの個体数を安定させ、北太平洋一帯の生態系のバランスを保つことにつながる。しかし沿岸域は、住宅や工場の集中、沿岸漁業、レクリエーションなど利用のニーズが高い場所でもある。各地の砂浜は、護岸工事、埋め立て、光害、4WD車の走行、侵食などでウミガメにとっての環境悪化が心配されている場所が多い。また、漁業による混獲の影響もけっして小さくはない。

ウミガメの背にのって竜宮城へいったという浦島太郎の昔話が語り継がれるなど、古くから日本人にとって身近な存在であったウミガメ。これからも彼らと共存していくにはどうしたらよいのか、今こそ真剣に考えるべきだろう。

守分紀子

野生からの逆襲

■深刻化するシカの食害

神奈川県丹沢山地。都市近郊で自然が多くのこされているすばらしい山地であり、登山、ハイキングに訪れる人も多い。この丹沢山地で近年、思いもかけない被害が出ている。山道を登っていくと至る所で樹木の皮が剥がされ、痛々しい姿をさらしている。せっかく芽を出したブナの幼樹は、若葉をかじり取られているものが目立つ。

原因はなにか。それはなんと、シカの増加である。絶滅の危機に瀕している生物がいる一方で、どんどん増えている生物の問題も浮上してきている。増えすぎたシカは食べるものがなくなってくると、樹木の皮を剥いで食べる。樹皮を剥ぎ取られたモミやヒノキなどは立ち枯れてしまう。運良く枯れないものもあるが、被害の跡はのこる。というのも、木材として植えられた樹木は、まっすぐで木目がそろっているものほど価値が高い。ところがシカが樹皮を食べてしまうと、樹木は剥げてしまった部分を巻き込むようにして厚い樹皮で身を守る。これを巻き込みというが、こうなってしまうと木目がきれいにそろわなかったり、樹木がねじ曲がったりして材木としての価値がなくなってしまう。

材木用の樹木だけでなく、生態系への影響もある。たとえば丹沢山地ではブナの幼樹が芽を出しても、シカに食べられてしまうためなかなか生長できない。この状態がつづけば、ブナの更新（世代交代）ができなくなる。現在生育しているブナが老木になって枯死してしまうと、ブナの木がその地域から消えてしまうことになる。

■尾瀬にも危機が

昭和60年代になって、日光白根山のシラネアオイが減少し始めた。最初は盗掘かと思われ、盗掘防止キャンペーンなどが行われたという。しかし平成に入ってから、奥日光の戦場ヶ原や小田代原の希少な湿原植物への被害も激増し、さらにその後、尾瀬でも被害が生じた。数々の事例が検証されるにつれ、原因はシカであることがわかってきた。積雪の多いこの地域にはあまり確認されたことがなかったシカが、近年奥地へ侵入するようになったのである。

日光国立公園を中心に栃木県北西部から群馬県北東部にかけて生息しているシカは、「日光・利根地域個体群」と呼ばれている。栃木県内では、以前は1千500～2千頭前後で推移してきたようだが、１９８４（昭和59）年の豪雪でシカが大量死した。その後、数が減った分だけ餌の確保が容易になり、シカは爆発的に増えた。

通常、爆発的に個体数が増えても、厳しい冬の寒さを乗り切ることができず死亡率があがるため、個体数はまたバランスのとれた数に落ち着く。しかし、暖冬がつづき積雪量が減ったため、越冬しやすくなり、生息可能な地域も拡大した。1995(平成7)年あたりから、栃木県では約6千頭ものシカがほぼ横這いの状態で生息していると推定されている。

1999(平成11)年の栃木県側の被害額は約1億5千万円(林業被害が占める割合が大きい)。隣接する群馬県側も含めると、膨大な被害になる。

■なぜ増えるのか

日光にかぎったことではなく、全国的にシカの個体数は増えている。原因のひとつは、森林の大規模な伐採である。スギ・ヒノキなどの植林のため大規模に伐採された土地には、これまで高い木々で遮《さえぎ》られていた太陽光が地面に届くようになり、多くの草木が芽を出すことになる。こうした草地はシカの格好の餌場となる。その年、栄養状態の良くなったシカは、子どもを容易に産み育てることができる。また、オオカミなどの天敵がいなくなったことも、シカの個体数バランスに影響を及ぼす根本的原因のひとつだという研究者もいる。

もちろん、暖冬による死亡率の低下も、シカが増える一因といわれている。しかし、積雪のほとんどない九州でも同様の問題があり、シカ増加のメカニズムは完全に解明されたわけではない。

増加傾向にあるのはシカにかぎったことではない。西日本ではイノシシによる農業被害が頻発している。サルについては、個体数の増加はそれほど顕著に見られないものの、生息域が山麓部へ拡大しているとの報告があり、イノシシ同様に農業被害が著しい。

農林業を営む人にはシカやサル、イノシシは憎らしい存在だ。手塩にかけて育てた農作物が一夜にして台なしになる。金銭的被害のみならず、精神的な苦痛も大きい。それでは、邪魔な動物はみんな殺してしまえばよいのだろうか？

答えはそう簡単ではない。なぜならシカやサルも、わたしたち人間を含めた生物の生活基盤である生物多様性の大事な構成要素だからだ。

■鳥獣を獲るということ

日本での銃による狩猟は、銃器の規制がゆるんだ明治時代以降、さかんに行われるようになった。童謡にも「タヌキがおってさ、鉄砲で撃ってさ……」などと出てくることは、みなさんご存じだろう。

鳥や獣を獲るには、「狩猟」と「有害鳥獣駆除」のふたつの方法がある。現在の狩猟に関する制度は「鳥獣の保護および狩猟の適正化に関する法律」（通称　鳥獣保護法）で定められていて、（銃や罠で）狩猟を行ってはいけない場所を「鳥獣保護区」としている。また、すべての鳥獣は原則狩猟禁止であり、例外的に狩猟してよい鳥獣がキジ、カルガモ、シカ

エゾシカ捕獲数および農林業被害額の推移（全道計）

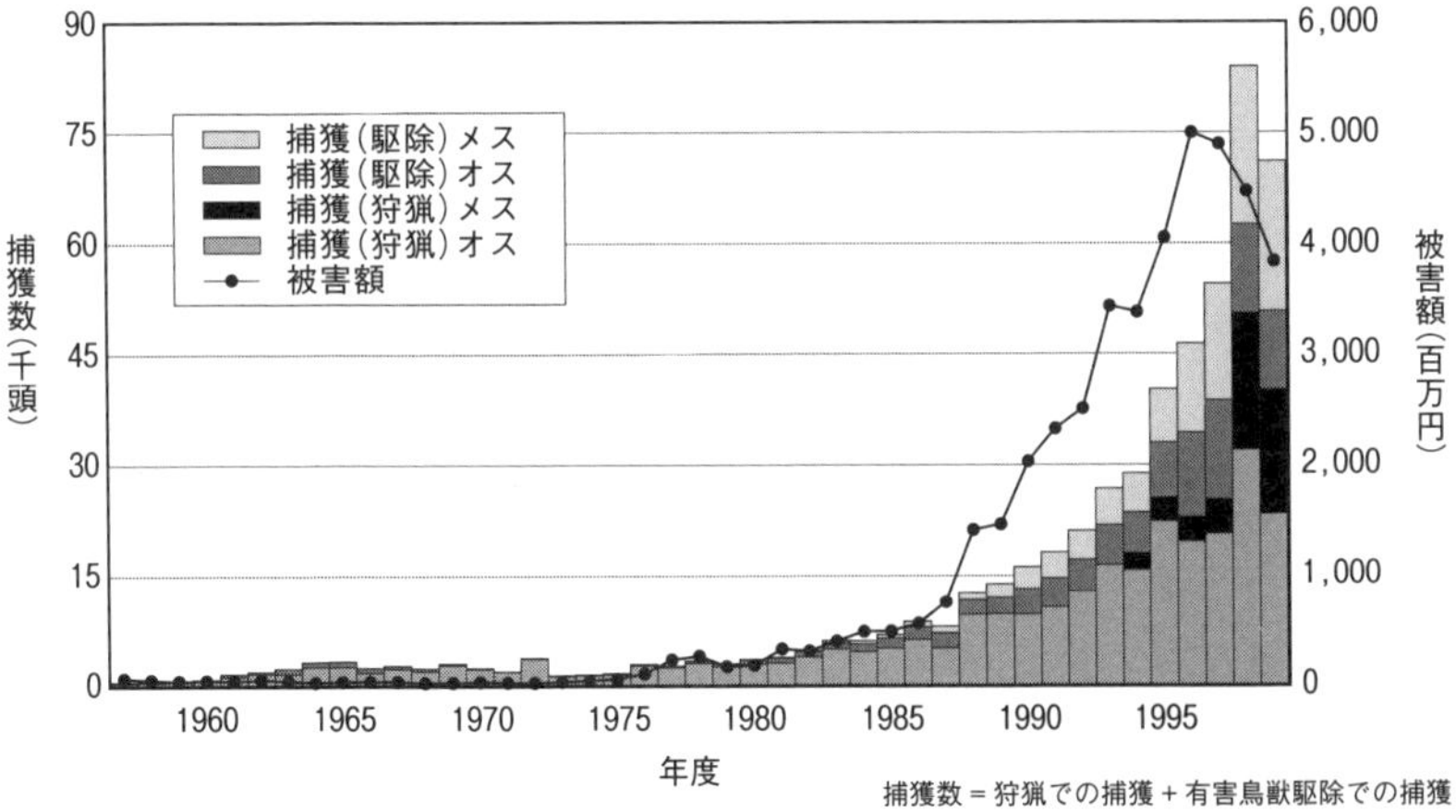

捕獲数＝狩猟での捕獲＋有害鳥獣駆除での捕獲

など47種定められている。シカは狩猟獣ではあるが、シカの繁殖力は狩猟による捕獲の圧力を遙かに上回って増えているようだ。

シカのように数が増えた狩猟鳥獣や、サルのような狩猟対象外の鳥獣による被害が生じると、「有害鳥獣」という形で殺されることになる。有害鳥獣駆除とは読んで字のごとく、農林業などに被害をもたらす鳥獣を、国や県（場合によっては市町村）に届出をし、許可が下りれば決まった頭数を間引くことができる制度である。人間とのあつれきを解決するために取らざるを得ない手段ではあるが、残酷だと批判を受けることもある。

■生態系のバランス

こうした批判や問題点を解決するため、科学的調査を行って個体数を把握し、適正な保護管理を行う仕組み（特定鳥獣保護管理計画）が現在、各県で進められている。

たとえば、北海道ではエゾシカが東部を中心に爆発的に増えており、1996（平成8）年度のピーク時は被害額50億円を超えた（前ページ図）。道はさまざまな科学的調査の結果、現在の推定生息数（20＋－4万頭）から目標水準の5万頭に減らす「エゾシカ保護管理計画」を2000（平成12）年に策定した。この計画のもと、確実に個体数を減らすべくメスジカの捕獲を行い、同時に絶滅を招かないよう、随時モニタリングをしてその結果を検証する「フィードバック管理手法」が盛り込まれている。

その他の県も次々に保護管理計画を策定しており、地域や種の特性にあった保護管理が今後進められていくことが期待されている。

重要なことは、なぜシカやサルが増えたのか、なぜ分布域が拡大しているのかという根本的な理由を科学的・社会的に検証し、対処することである。絶滅の危機に瀕していたり、逆に増えすぎたりしている動植物が存在するということは、生物多様性・生態系のバランスが乱されているという証明に他ならないからである。

池田和子

カラスとの共存を模索する

■神の使者か、やっかい者か

２００２（平成14）年、日本中を熱狂の渦に包んだサッカーW杯。スタジアムを埋め尽くしたジャパン・ブルーのユニホームだが、胸のエンブレムのモチーフとなった３本足の黒い鳥、これがカラスだということを、W杯を機会に知った人も多いのではないだろうか。「古事記」にも３本足のカラス（八咫烏《やたがらす》）が登場する。神武天皇が東征した時、紀州熊野から大和までの道案内をした天照大神の使いだ。

しかし、その真っ黒な姿からか、カラスのイメージは「不吉」「気味が悪い」など、一般的に良いとはいえない。民話やことわざに多く登場することからも、カラスは昔から良くも悪くも身近な鳥であったことがわかる。そして、人間の近くで生活するその習性ゆえに、人間とのあいだで数々の摩擦を引き起こしてきた。

近年、大都市周辺において急激にカラスが増えている。都心のカラスは１９８５（昭和60）年以降10年間で３倍に増えたという記録があり、日本野鳥の会の調査によれば、東京駅から半径50㌔圏内をねぐらとする個体数は15万羽に迫るとみられている。カラ

ゴミ集積所に集まるカラスの群れ

スの増加にともない大きな問題になっているのが、ゴミを散らかす、鳴き声がうるさい、威嚇や攻撃を受けたという生活環境への被害だ。東京都に寄せられた苦情は、1998（平成10）年度には約600件だったのが、2001（平成13）年度には3千700件を超えた。増えつづけるカラスによる被害は、もはや放置できない都市問題となっているのである。しかし、カラスはけっして勝手に増えたわけではない。なぜ都市で増えているのか、その原因を明らかにすることが、カラス問題の解決への第1歩だ。

■カラスはなぜ都会で増えたのか

「カラス」は「ハト」や「シラサギ」と同じように総称で、多くの種類がいる。カラスの仲間であるカラス科の鳥は、地球上に生息する約9千種の鳥類のなかでもっとも進化した種類だといわれ、世界で約100種生息している。日本では10種が確認されているが、なかでも体が黒っぽく一般に「カラス」と呼ばれる種は5種類である。そのうち、われわれが身の回りでごく普通に見ることができるのはハシブトガラスとハシボソガラスで、とくに近年都会で急増し、さまざまな問題を引き起こしているやっかい者がハシブトガラスだ。

ハシブトガラスとハシボソガラスは外見が似ているため、「カラス」とひとくくりにされがちだが、実は生息環境も習性も異なっている。ハシブトガラスは、くちばしが太く額が出っぱっており、「カア、カア」と澄んだ声で鳴き、元来山地の森林をすみかにしている。一方、ハシボソガラスは、くちばしが細く額がなだらかで、「ガア、ガア」と濁った声で鳴き、農地や河川敷など開けた環境で生活しているというちがいがある。

ではなぜ、都会ではハシブトガラスが増えているのだろうか。それは、都市環境に適応し、人間が排出する大量の生ゴミに依存していることがおもな理由だ。ハシブトガラスは、ビルの林立する立体的な都市環境を本来の生息地である森林のように認識しているともいわれる。栄養があって年中簡単に手に入る生ゴミを食物にすることにより、死亡率が低下し繁殖率が高まった。また、都市には天敵となる猛禽《もうきん》類が自然豊かな地域に比べると少なく、公園や墓地、神社など巣づくりの場所も容易に確保できる。こうして、ハシブトガラスは人間のつくり出した環境と廃棄物をうまく利用し、爆発的に増えたといえよう。

■カラス対策のむずかしさ

カラスによる被害は、ゴミの散乱や糞により街の美観が損なわれるなどのアメニティの問題から、気づかずに巣に近づき攻撃を受けたという例までさまざまであるが、人間とカラスとのあつれきが大きくなった原因は、人間の生活圏とカラスの生活圏が大きく重なりあい、両者の距離が縮まりすぎたことにある。たとえば、カラスに威嚇されたという例も、カラスにしてみれば人間が巣に接近したためにとった防衛行動といえる。さらに問題を複雑にしているのが、両者の距離を縮める要因がゴミの出し方をはじめ、人間の生活様式と深く関連しているという点だ。つまり、われわれの方が生活スタイルをかえなければ、根本的な解決にはつながらないことを理解する必要がある。

都会でカラスが増加し、人間を恐れなくなった最大の要因は、人間が大量に排出する生ゴミだ。したがってカラスの増殖を抑える対策としては、食料となるゴミとカラスとの接点を断ち切ることが基本となる。まずはゴミの量を減らすこと。そして、ネットの使用などゴミの出し方や収集方法を工夫することである。折り畳み式集積所ケースを開発した東京都品川区、繁華街において夜明け前収集を行っている三鷹市など、独自の試みを行っている自治体も多い。しかし、これらのゴミ対策は最終的に住民ひとりひとりの協力なしには効果は薄く、また一部地域のみで行っても対策を行っていない地域にカラスが移動するだけに終わってしまう。広域的な地域ぐるみで取り組むことが重要なポイントだ。

その他の対策として、餌付けの禁止、繁殖期の行動に対する注意喚起、緊急対策的な巣落とし、捕獲による個体数調整などが挙げられる。ただし、捕獲については、一時的に個体数を減少させても周辺地域から流入するため、効果は限定的という考え方もある（卵を含むカラスの生体を捕獲する場合は法律に基づく許可が必要）。カラスは記憶力と情報収集能力に優れた鳥である。この賢さがカラス対策をむずかしくしている。

■カラスとの共存に向けて

「カラスが増えて被害が出ているなら、駆除して減らせばよい」という声をよく聞く。とくに実際に被害を受けた人にとっては、さぞや憎らしい存在だろう。しかしカラスは、人間がつくり出した都市環境と、大量生産・大量消費に象徴される人間のライフスタイルに適応して増えてきたことを考えれば、人間にとって都合が悪いからといって一方的に排除するのはかなり困難だといえる。

とすれば、都市環境に適応して生きる者同士、われわれはカラスと共存可能なつきあい方を探っていかなければならない。まずは相手を知り、効果的な対策をたてることだ。カラスの生態については、まだわかっていない点も多いのである。そしてひとりひとりが問題意識を持って行動し、さまざまなレベルで連携していくことが必要だ。ゴミ対策も、自治会などの地域共同体が機能しているところは効果があがっているが、崩壊しているとうまくいかないという。

カラス問題は、都市における人間社会のひずみを写し出す鏡のようなものかもしれない。

カラスとの知恵くらべに、果たしてわれわれ人間チームは勝つことができるのだろうか。

守分紀子

自治体担当者のための
カラス対策
マニュアル
環境省自然環境局

環境省では、自治体担当者のために、カラス問題に対応するためのマニュアルを作成している （参照 http://www.env.go.jp/nature/karasu-m/）

クマとヒトの望ましい関係（その1）

ベリー類を食べたグリズリーの糞

■カナディアン・ロッキーのクマ対策

あなたは野生のクマに出会ったことがあるだろうか。わたしは生きた個体に出会ったことはないが、痕跡には何度かある。カナダ西部・アルバータ州のジャスパー国立公園でトレッキングをしていた時のことだ。氷河を抱いてそびえ立つロッキー山脈の岩山と、針葉樹林や高山性の草原がつづくトレイルを数日間歩いたところで、歩道上に大きなクマの糞を発見した。カナダにはグリズリーとブラックベアという2種類のクマが生息しているが、糞の大きさからより大型でどう猛なグリズリーと思われた。糞はかなり新鮮で、たわわに実ったベリー類をたらふく食べたのだろう、ほぼ紫に近い色だ。こちらは重い荷物を背負い、登山口から何日も歩いた原野では逃げ隠れできる所もない。全身の毛穴がぎゅっと縮まった瞬間だった。

カナダでは、奥地を歩くハイカーはクマに遭遇する可能性があるため、国立公園ではさまざまな対策が取られている。キャンプ場以外での野営は禁止されており、キャンプ場のテント数もかぎられている。一定以上の人間が歩道に入らないようにしているのだ。また、キャンプ場では、夜のあいだは食料やゴミなど臭いのするものをすべて袋に入れ、滑車で木の上につりあげておく。森林限界を超えた高地では、クマが壊せない頑丈なコンテナが置かれている。餌が得られないかぎり、クマはキャンプ場や人間には近づいて来ない。また、鉢あわせ的な遭遇もあり得るので、人間の存在を知らせる鈴やクマ撃退スプレーは装備として必需品だ。たいていの場合は、クマの方から人間の気配に気づいて去っていくという。むやみに怖がるのではなく、クマに遭遇する危険性を認識しつつ、残飯やゴミを出さないなどの対策を取り、ルールを守ることが、人間とクマとの望ましい距離を保つことになるのだ。

夜の間食料をつりあげておく「ベア・ハング」（ジャスパー国立公園にて）

■日本に生息するクマ

日本では、クマは陸上における最大の野生動物だ。人間にとって恐怖の対象でもあり、自然への畏敬の念を抱かせる貴重な存在だともいえる。種としては、北海道に生息するヒグマ（グリズリーと同種）と、本州以南に生息するより小型のツキノワグマの2種類が生息している。

日本におけるヒグマとツキノワグマの分布

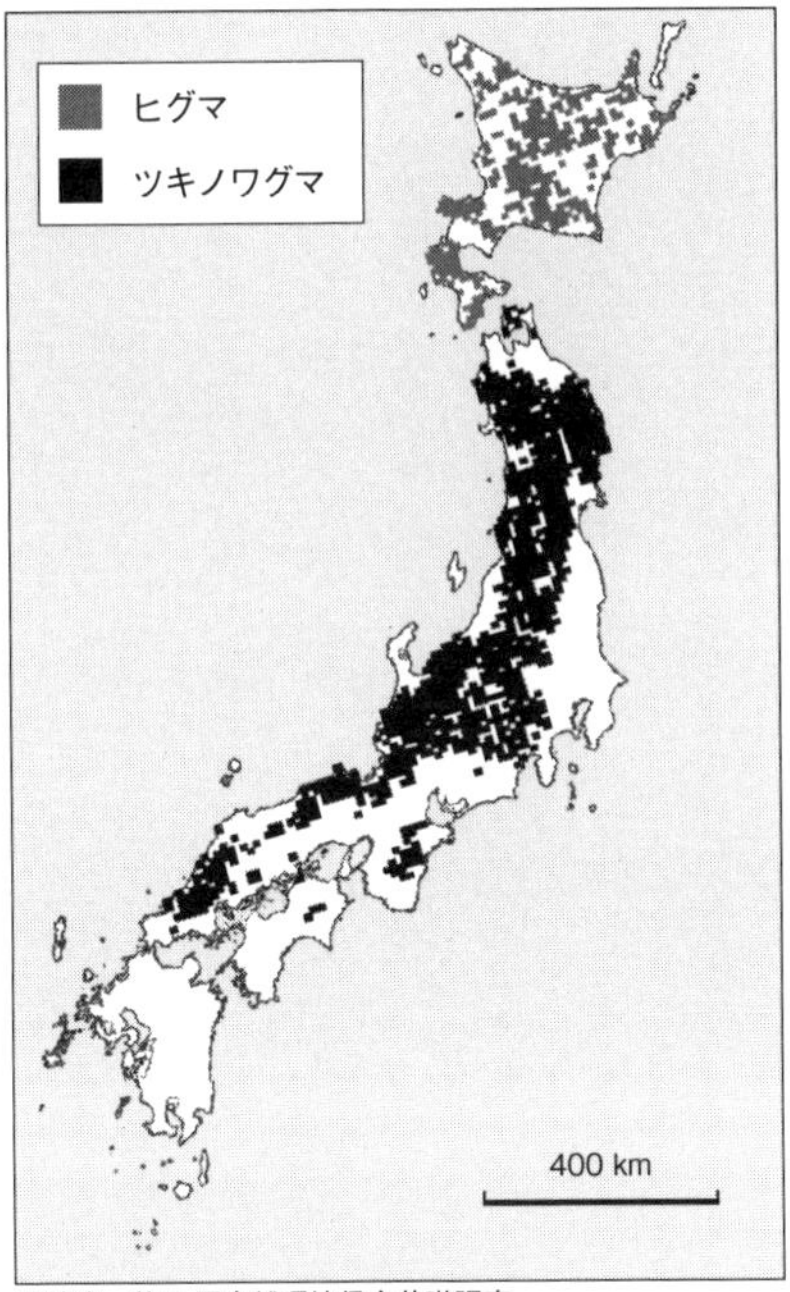

環境省　第５回自然環境保全基礎調査
動物分布調査報告書（哺乳類）をもとに作成

　クマというと大きな猛獣というイメージがあるが、ツキノワグマは小さい個体だと中型犬くらいの大きさである。また、食性も植物を主体とした雑食性で、春は木の芽や山菜類、夏はアリや蜜蜂の巣、秋は木の実などをおもに食べる。とくに秋には長い冬ごもりに備えて脂肪を蓄えるため、ドングリなどの堅果を大量に食べなければならない。そのため、ブナ・ミズナラなどの広葉樹林がまとまって存在する場所でないと生きられないのである。

　ツキノワグマは長年狩猟や駆除の対象になってきた

が、今や絶滅のおそれのある種になってしまった。全国で8千〜1万2千頭ほど生息しているとされるが、とくに西日本では生息地となる広葉樹林の消失や分断化が著しく、生息環境が悪化して島状に孤立化してしまっている。九州では近年ほとんど目撃例がなく、四国の生息数は多くても数十頭と言われる。そのほか、東・西中国山地、紀伊半島、下北半島の個体群が環境省レッドリストの「絶滅のおそれがある個体群」に指定されている。

個体数が減少している地域では、狩猟の禁止や自粛で個体数の回復を図ろうとしているものの、被害に対応した有害駆除は行わざるを得ない。またツキノワグマは2〜3年に1度、1〜2頭しか出産しないため繁殖率が低く、いったん個体数が減少すると回復に時間がかかってしまうことも、絶滅のおそれに拍車をかけているといえよう。

■クマによる被害

ツキノワグマは本来大変臆病かつおとなしい動物で、好んで人間のいる場所には近づいて来ない。しかし、狭い国土に高密度で人間が生活している日本では、山奥にまで植林や棚田などの土地利用が進んでおり、クマの生活域と人間の暮らしの場が入り交じっている状態にある。彼らの行動域のなかやすぐそばに集落があり、そこにはクマにとって魅力的なクリやカキ、リンゴなどの果樹やトウモロコシなどの農作物、養蜂の蜂の巣などが手に届く場所にあるのだ。また、キャンプ場や山小屋から出る生ゴミもクマを呼び寄せてしまう格好の誘引物となる。

クマは一般に学習能力が高いといわれている。山で餌を探すよりも少ない労力でおいしい食物が得られるという魅力にとりつかれ、それが警戒心に勝ってしまうと、人里に繰り返し出没して被害を出すようになる。人里周辺にいつくようになったクマは人間を恐れなくなり、行動がエスカレートすると人身事故を引き起こす可能性もある。

■駆除からの方向転換

中山間地域における農林業被害面積をみると、クマによる被害よりもシカやイノシシによる被害の方が断然多い。それでもシカやイノシシは被害がなければ駆除の対象にならないが、クマは人里近くに出没しただけで無差別に捕獲され、駆除されてきた。これは被害そのものよりも、人を襲う力を持ったクマの出没を放置できないからだ。そして従来は、生息数を減らすことで被害や事故を減らそうとしてきた。

しかし、クマによる被害の頻度《ひんど》は、周辺の生息密度や個体数にかならずしも比例しているわけではなく、むしろ、人里にクマの誘引物がどれだけあるか、クマを防除する対策が取られているかが大きく関係している。出没個体を駆除しても、クマを引きつける要因をそのままにしていれば、次のクマが現れてふたたび被害が出ることになる。これを繰り返していては、被害は減らないのにクマをどんどん駆除することになってしまう。また、クマにも人間に対する警戒心が薄い個体もいれば強い個体もいるのだ。出没した個体かどうかわからないのに無差別に捕獲していては、人間に害を与えないクマまで殺してしまうことになるのだ。

駆除だけでは解決にならないし、このままではツキノワグマは絶滅に追いやられてしまうかもしれないという認識は近年徐々に広まりつつある。広島県戸河内町や長野県軽井沢町では、人里で捕獲した個体を奥山に移動し、花火や唐辛子スプレーで人間の怖さを教えて放獣する方法や、クマに電波発信機を装着して居場所を追跡する方法、電気さく設置などの防除策を導入している。宮城県蔵王山麓ではクマ用のトウモロコシ畑をつくり、周辺の農業被害を減らそうという試みもある。

人間の安全を確保しつつ、絶滅の危機に瀕したツキノワグマを守ること。困難な課題ではあるが、試行錯誤のなかで共存の道を探っていく必要がある。

守分紀子

森のなかを歩くツキノワグマ（撮影　ピッキオ）

クマとヒトの望ましい関係（その2）

２００４（平成16）年の秋は、例年になくツキノワグマの出没や人身被害のニュースが多かった。２００４（平成16）年度だけで、全国で１千７７５頭のツキノワグマが有害捕獲されており、人身事故数は88件、被害者は１０３人（うち１人は死亡）にのぼる［２００４（平成16）年10月31日現在］。夏の猛暑と度重なる台風により、冬眠前の餌となるドングリなどの木の実が実らなかったことも原因のひとつと言われているが、クマと人とのあつれきはけっして今に始まった話ではない。前章では、クマの被害は人間が誘発している面もあること、駆除のみでは解決につながらない理由などを紹介したが、ここでは、クマと人の共存に向けて先進的な取り組みを行っている事例について紹介したい。

■軽井沢の別荘地に出没するクマ

軽井沢は、長野県浅間山麓に広がる高原にあり、明治時代にイギリス人宣教師が別荘を構えてから多くの文化人、宗教家などの避暑地として有名になった町である。近年は大型アウトレットモールやレジャー施設が整備され、首都圏から新幹線でわずか１時間という近さもあって年間約８００万人もの観光客が訪れる場所だ。

人出がピークを迎える夏休み、昼間は観光客でごった返す旧軽銀座の目抜き通りも、深夜になると人通りが途絶えてしまう。ひっそりと静まりかえった夜の町に、屋根にアンテナをつけた１台の車が毎晩のように現れる。一見怪しそうに見えるが、実はこの車、夜間に別荘地を徘徊《はいかい》するクマがいないか、電波を使ってパトロールしている車なのだ。

軽井沢町でクマが出没し始めたのは比較的最近のことだ。10年ほど前、山あいのホテルの残飯にクマが寄りついてしまったのが発端だという。以来、人間への警戒心を失い、ゴミの味を覚えたクマが別荘地やキャンプ場周辺を徘徊《はいかい》するようになってしまったのである。軽井沢の町は、建物が密集している場所

ゴミ集積所のゴミを荒らすクマ（撮影　ピッキオ）

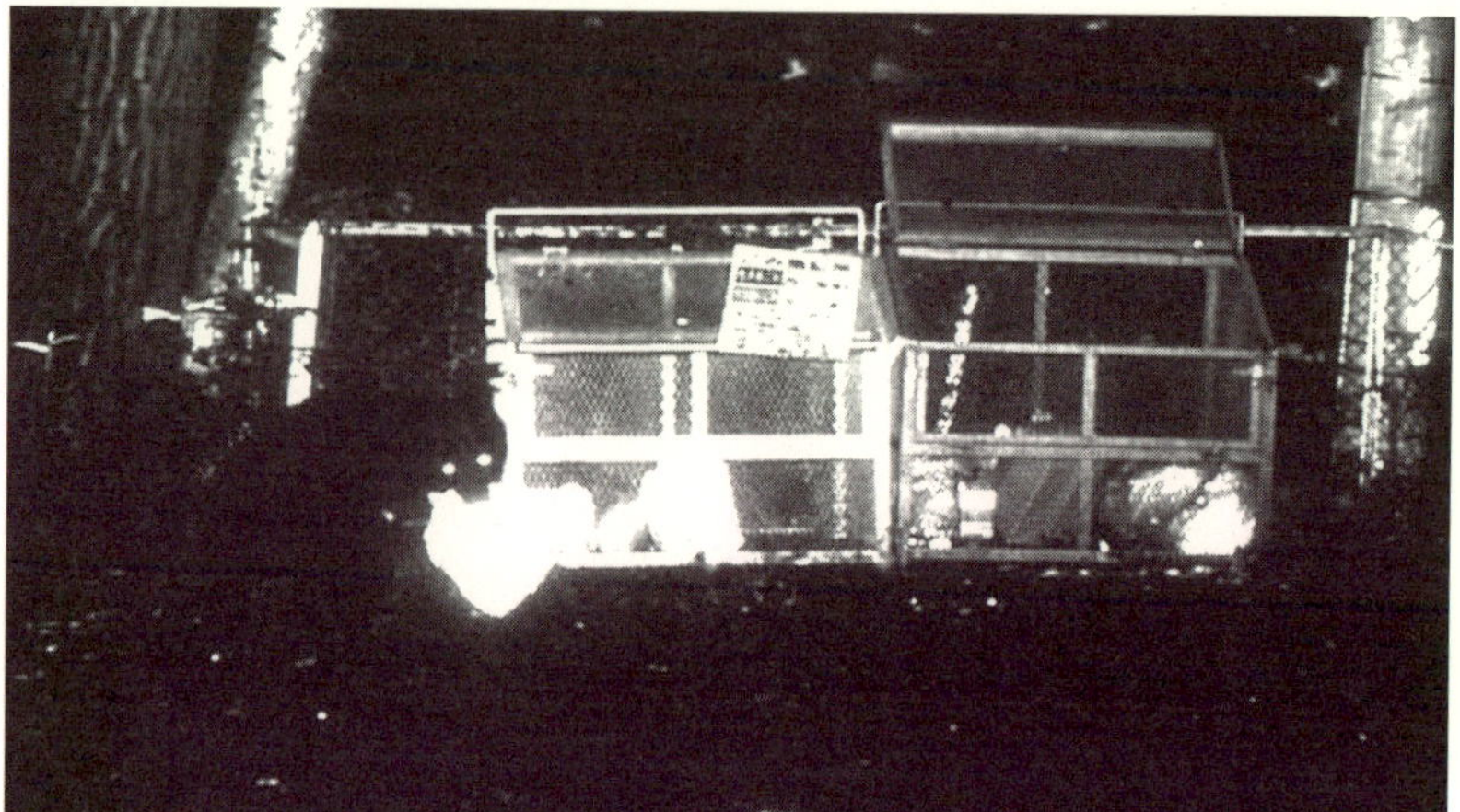

がかぎられており、大半は林のなかに点在する別荘地によって占められている。つまり、周辺の奥山に生息するクマなどの野生動物が、別荘地内の樹木に身を隠しながら人間の生活域にまで出てきやすくなっているのだ。また別荘住民の多くは夏の週末しか滞在しないため、ゴミが集中して集積所のゴミ箱からあふれたり、ゴミ出しのマナー徹底がむずかしく、ゴミが散乱してクマを誘引しやすいという特殊事情もある。多くの人が集まる地域だけに人身被害のリスクは高く、軽井沢ではクマの保護管理対策が危急の問題になっているのだ。

■ピッキオの取り組み

先ほど登場した夜間のパトロールを行っているのは、地元軽井沢でツキノワグマの保護管理の取り組みを進めているNPO法人ピッキオである。ピッキオは、もともと軽井沢でエコツアーや環境教育を展開する民間企業として設立された。そして、活動の基盤となる地域の自然資源や生態系を保全していくことが長期的な活動には欠かせないと考え、野生動植物の調査研究や保護管理などを行う部門をNPO法人化したという歴史を持つ。クマの保護管理の専門スタッフを雇用し、科学的な調査に基づいた対策により、クマとの共存の道を探ろうとしているのが特徴的だ。

ピッキオでは、クマによる被害が出てもすぐに駆除はせず、どのクマが危険なのか、1頭

1頭の行動パターンを把握したうえで対策をとることにしている。まず、檻で捕獲したクマに首輪式の電波発信器を装着し、唐辛子スプレーや花火で人間の怖さを教える「おしおき」をして山に帰す。そして、その後の行動を継続的に追跡調査している。今までに27頭のクマを捕獲し、現在発信器をつけているクマは10頭ほど。クマにも個性があって、1度人間に捕まって怖い思いをすれば2度と人里に現れない個体もいれば、人間に対する警戒心が薄い個体もいる。人を怖がらず、繰り返しゴミをあさったり人家に侵入したりするクマについては、人身事故の危険性が高いため、残念だが薬殺にふみきることになる。こうした方法により、人身被害を避けることを最優先にしながらも、駆除を最小限にするかたちでクマの保護管理を可能にしているのだ。

左　捕獲したクマを奥山で放す瞬間　首には電波発信器を装着してある（撮影　ピッキオ）
右　発信器をつけたクマを電波で追跡する（撮影　ピッキオ）

もちろん、クマの行動を監視するだけでは問題は解決しない。同時にクマの誘引物となるゴミの管理徹底が被害を防ぐカギとなる。軽井沢では一時期キャンプ場にクマが出没し、生ゴミをあさっていた時期があったが、クマに荒らされないゴミ箱で管理を行うようにしたところ、クマは現れなくなりふたたび営業できるようになった。別荘地やペンションでも、ピッキオのアドバイスを受けて自主的にゴミ箱を改良したところではクマの被害はなくなっているという。

ピッキオのクマ対策チームの毎日は忙しい。とくにクマの出没が増える夏季には、市街地に出てきやすい夜間を中心に行動追跡を行い、発信器をつけた個体が町に降りていないか調べ、ゴミを荒らしているクマがいれば爆竹などで追い払う。早朝にはゴミの回収前に町中のゴミ集積所を回ってクマが荒らしていないかチェック。荒らされた痕跡があれば近くの住人や管理人に注意喚起をする。また、捕獲用にしかけた檻の見回りも朝晩行わなければならない。そしてクマ出没の通報対応は24時間体制だ。役場や警察と連携し、通報があれば現場に急行して、クマを引き寄せないためのアドバイスを行うなど、実に包括的かつきめ細かい対策をとっている。

■さらなる対策へ――ベアドッグの導入

軽井沢では、クマ対策の次の段階として、クマが町に出てきた場合その場で人間の怖さを教え、人間の生活域に入らないよう学習させる「追い払い」が重要になってきている。ところが、夜間の別荘地では花火や銃器は使用できないため、ピッキオでは新たな手法の導入を試みている。それは、アメリカのクマ対策専門チームによる訓練を受けたベアドッグ(クマ対策犬)だ。使われる犬はカレリア犬(ヒグマ猟用の猟犬。他の犬には攻撃的な面もあるため、ペットには向かない)という種類で、人には従順だがクマを恐れない勇敢な性格のため、特別な訓練によってクマの追い払いに使えるようになる。発信器をつけていないクマやクマの誘引物の発見にも役立つほか、クマ対策の必要性を訴える普及啓発の場でも、マスコット犬として注目を集める効果もある。ピッキオでは2004(平成16)年6月に2頭の子犬をアメリカから譲り受けて目下訓練中であり、今後の成長に期待したい。

もちろん、こうしたピッキオの手法が全国どこでも適用可能というわけではない。安易な駆除はしない、クマの誘引物の除去に努める、人間の領域にクマを入れないなど、クマの被害を防除するコンセプトは共有しつつ、それぞれの地域の被害や体制の実情にあった保護管理の手法を追求していく必要がある。人間の安全確保が第一であることは言うまでもない。でも、クマが悠々と暮らす自然を後世にのこすのも、われわれの世代の責任ではないだろうか。ひと筋縄ではいかないが、「クマかヒトか」ではなく、「クマもヒトも」の実現を目指したい。

守分紀子

クマの追い払いに活躍するベアドッグ（提供　アメリカ・ユタ州のウインドリバー・クマ研究所）

自然公園

■山の春を楽しみに

春はあっというまにやってくる。雪解けを待たず、そろそろ山へという人も多い。まだ雪深いところもあるが、休日ともなれば、山は人でにぎわうようになる。

近年、中高年層の登山ブームで国立公園を訪れる人も多くなった。2002（平成14）年の国立公園利用者数は、約37万人に及んでいる。国立公園が観光周遊旅行の目的地として、また、自然とのふれあいや環境学習の場として活用されることは大変喜ばしいことである。

■日本の国立公園

日本の自然公園は大きく分けて3つの種類がある。国立公園、国定公園、そして都道府県立自然公園である。大ざっぱにいうと、この3種のちがいはその指定の制度と管理主体（国あるいは都道府県）のちがいによる（左表）。いずれも自然風景地の保護とその利用増進、そして自然とのふれあいや環境学習などの場となることを目的に指定されており、現段階では野生生物の保護という観点は入っていない。これら３種類の自然公園の合計は５３５万ヘクタール、国土の約14%を占める。

現在、指定条件や制度は異なるものの、いわゆる国立公園といわれるものは世界に約１千６００あるとされている。たとえば、イエローストーン国立公園やヨセミテ国立公園など、世界でもその雄大さで有名なアメリカの国立公園は全部で51公園。日本の国立公園数の約２倍弱であるが、その総面積は１千９３４万ヘクタールと日本の国立公園総面積の９倍以上の広さを誇る。ひとえに国土面積の大きさによるものであるが、国としての成り立ち、歴史的背景によるところも大きい。

日本の最初の国立公園（瀬戸内海、霧島、日光など）が指定されたのは１９３４（昭和９）年。当時、環境省はおろか厚生省も存在しなかった（管轄は内務省）。国立公園の設置に関して、日本はアメリカとはちがってむずかしい問題を抱えていた。新しい開拓地であるアメリカでは、基本的に土地はだれかのものではなく、国立公園となるべき土地を国のものとしてしまうこと（営造物型国立公園）は比較的簡単であっ

自然公園の種類と概要

種　別	指定対象地	管理主体	公園数	面　積
国立公園	わが国を代表する自然の風景地	国	28	206 万 ha
国定公園	国立公園に準ずるすぐれた自然の風景地	都道府県	55	134 万 ha
都道府県立自然公園	すぐれた自然の風景地	都道府県	308	196 万 ha

中部山岳国立公園（立山）で登山を楽しむ人びと

た。しかし日本では、長い歴史において土地は私有地であることが多く、国が勝手に買いあげて国立公園にしてしまうのはどだい無理な話だったからである。

そうした問題点を解決するため、日本は「地域制」という制度を用いて国立公園の指定を行った。地域制とは自然の風景の美しいところを、土地所有権にかかわらず大きく囲い込んで、その場を国立公園として地域指定してしまうことである。したがって土地所有者は環境省ではなく、林野庁（国有林）であったり、私有地であることが多い。国土が狭く（アメリカの25分の1）、人口が多い（アメリカの2分の1）日本では、こうした制度にするのが現実的であった。結果的に、全国の有名な景勝地はほぼ国立公園に指定されている。

■国立公園の現状

「国立公園敷地内に今足を踏み入れている」「国立公園内は守るべき自然や野生生物にあふれている」という感覚を

持ちながら旅行・観光する人が、日本のなかにどれくらいいるのだろうか。アメリカの国立公園の敷地内に入ると、そこには人の手がほとんど入らない大自然が広がり、管理体制の充実や意識のちがいを肌で感じとれる。アメリカの国立公園管理は土地所有権のほかに警察権も持つ内務省国立公園局が直接管理しているのに対し、日本はそうした拘束力や規制が非常にゆるい。

また、日本の国立公園は脊梁山脈を中心とした奥山を中心に配置されているものの、山麓付近や国有林は厳しく保護されているというより、歴史的、文化的に人に利用されながらその生態系を維持してきた風景が存在し、くっきりとした境界線を引くのはなかなかむずかしい。しかも、公園内には観光客を相手とした商業が栄えているところも数多く、また温泉などを楽しみに来る観光客もいる。ドライブをしていて、いつのまにか公園内に入っていると感じるのはこのためである。

さらに、国立公園内の自然を解説し、そうした観光客に自然の楽しみ方を解説することができる職員の数も、また非常に貧困な状態である。たとえば、アメリカの国立公園管理官１人当たりの管理面積は１千４８８ヘクタールなのに対し、日本は１人１万ヘクタール。お隣の韓国でも９３０ヘクタールであることを考えれば、管理のための人数は明らかに足りない。さらに管理官は事務処理などに追われ、実際に現場で解説などができる状況がきわめて少ないのも事実である。

国立公園内で、希少な植物を盗掘したり、ゴミを捨てて帰ったりといった意識の低い観光客も多数いる。近年は登山客の増加にともない、し尿処理や踏みつけ（登山道を多くの人が歩くことによって希少な植物が荒らされたり、浸食が起こったりする）などの問題を抱えている。

■日本の風景、人とのかかわり

しかし、そう悲観したことばかりではない。先にも述べたが、日本の国立公園が住民と協力体制をとり、人と自然のかかわりあいの文化を尊重しながら管理運営されていることは、公園内の住民を排除し、自然保護と開発とのはざまでさまざまな問題を抱えているアジアやアフリカの国々にとって、ひとつの手本となるかもしれない。さらに、日本の希少な自然は、里地里山などの人とのかかわりのなかで育まれ、維持されてきた。絶滅の恐れのある種（ＲＤＢ種）の集中する地域の約半分がそうした里山などの地域であることもわかってきた。

日本の自然を守っていくことに新たな価値観が求められるようになった。アメリカのように厳正な保護管理を行い、人を排除することで守っていく奥山の自然という考え方で保全していく地域と、人の手を入れることによって生態系を維持していく地域のふたつの考え方が必要である。

2002（平成14）年、政府は新・生物多様性国家戦略を決定した。このなかで、国土の骨格的とらえ方として「奥山自然地域」「里地里山等中間地域」「都市地域」「河川・湿原等水系」「海岸・浅海域・海洋」「島嶼《とうしょ》地域」と分け、それぞれの特性にあわせて保全していくことをうたっている。

南北に長く、さまざまな気候や生態系を含む日本の国立公園は、一律に同じ管理方法によって保全していくのではなく、それぞれの公園にあった管理が実施されるべきなのかもしれない。また、今後はこれまでの国立公園のように、奥山や海岸などの風景の美しいところだけを囲い込むのではなく、高山域の水源地から河口の干潟まで、生態系のつながりをそのまま守るような新たな国立公園の設定が求められている。

池田和子

支笏洞爺のカワセミ

生物多様性を取り巻く国際条約

■身近な問題にかかわる国際条約

ほんの数年前までは、国際条約や国際会議と聞くと、遠い世界のことのように感じられた方も多かったのではないだろうか。ところが最近では、日本の各地で地元自治体やＮＧＯにより湖沼や湿地を保全する目標として、世界的に重要な「ラムサール条約湿地」への登録を目指してシンポジウムなどが行われ、ペットブームにより海外の珍しい動物の購入などにともない「ワシントン条約」の手つづきを必要とする業者や個人などが大勢いる。国際的な問題が身近な話題としてわたしたちの口にのぼり、新聞・雑誌の紙面をにぎわすようになってきている。そのなかには時折、イメージが先行して各条約の目的が正しく理解されていないのではないかと思われることもある。多くの方々の理解が深まることを期待して、わたしたちの身近になってきたこれら生物多様性に関連する国際条約などについて概説したい。

■国際条約とともに発展する日本の枠組み

日本国内の法律や制度を眺めてみると、次ページの表に示すように生物多様性に関連する法律や制度が数多く存在していることがわかる。これらの法律などのなかには国際的な条約および会議などをきっかけとして、もしくは根拠として、新たに整備されたり、新たな仕組みが加えられて発展してきたものがある。国際的な枠組みやその成立経緯を知ることで、国内の制度の目的や必要性がより理解できることがある。

■幅広い範囲を扱う生物多様性条約

生物多様性条約は、生物の多様性の保全、その構成要素の持続可能な利用および遺伝資源の利用から生ずる利益の公正かつ衡平な配分を目的として、１９９２（平成４）年に採択された。締約国が一堂に会して議論を行う締約国会議が、２年ごとに開催されている。

近年の会議における主要な議論は、内陸水、海洋・沿岸、農業、森林といった主題別の生物多様性に関する作業計画を作成し、それらに基づく各国および国際機関などの取り組みを促すというものであり、２００２（平成14）年9月に開催された持続可能な開発に関する世界首脳会議の結果に基づきつつ、主題別の目標・評価方法の検討が行われた。

生物多様性条約の特徴として、扱う範囲が幅広いことと、生物多様性の概念などポリシーに関する議論が多いことが挙げられると思う。そのため、砂漠化対処条約、気候変動枠組条約といったリオ３条約や他の環境条約との連携（リンケージ）や協力、重複作業を避けるための調整も話題となっている。国際条約間のみならず国内法にも影響を与えており、

生物多様性を取りまくおもな国際条約等および日本の国内対応（筆者による分類）

<table>
<tr><th>条約／協定／会議等</th><th>環境省の所管する国内担保法など</th></tr>
<tr><td>生物多様性条約</td><td>自然環境保全法
自然公園法
鳥獣の保護及び狩猟の適正化に関する法律
絶滅のおそれのある野生動植物の種の保存に関する法律
自然再生推進法
特定外来生物による生態系等に係る被害の防止に関する法律
新・生物多様性国家戦略</td></tr>
<tr><td>カルタヘナ議定書</td><td>遺伝子組換え生物等の使用等の規制による生物の多様性の確保に関する法律</td></tr>
<tr><td>IUCN 自然公園会議</td><td>—</td></tr>
<tr><td>世界遺産条約</td><td rowspan="2">自然公園法、自然環境保全法</td></tr>
<tr><td rowspan="2">ラムサール条約</td></tr>
<tr><td rowspan="2">鳥獣の保護及び狩猟の適正化に関する法律</td></tr>
<tr><td rowspan="2">渡り鳥保護２国間条約／協定</td></tr>
<tr><td rowspan="2">絶滅のおそれのある種の保存に関する法律</td></tr>
<tr><td>ワシントン条約</td></tr>
<tr><td>気候変動枠組条約
京都議定書</td><td>地球温暖化対策の推進に関する法律</td></tr>
<tr><td>砂漠化対処条約</td><td>—</td></tr>
<tr><td>森林原則</td><td>—</td></tr>
<tr><td>世界水フォーラム等</td><td>—</td></tr>
</table>

自然再生推進法と外来生物法のように新しい法律の根拠となっている。いずれの法律も関係省庁の数が多いという共通点がある。

生物多様性条約を根拠とするカルタヘナ議定書は正式名称を「バイオセイフティに関するカルタヘナ議定書」といい、2000（平成12）年に採択されている。生物多様性の保全および持続可能な利用に悪影響を及ぼす可能性のあるバイオテクノロジーにより改変された生物の、国境を越えた移動についての手つづきに関する制度を構築することを目的としている。日本は「遺伝子組換え生物などの使用などの規制による生物の多様性の確保に関する法律」を定めて、2003（平成15）年に同議定書を締結している。同議定書の最初の締約国会議が、2004（平成16）年2月に開催されている。

■水鳥保護から湿地全体の保全へ発展したラムサール条約

ラムサール条約は正式名称を「とくに水鳥の生息地として国際的に重要な湿地に関する条約」といい、1971（昭和46）年に採択され、環境条約のなかでもとりわけ歴史の長い条約である。とくに水鳥の生息地として国際的に重要な湿地およびその動植物の保全を促進することを目的としている。

名前が示すとおり当初はとくに水鳥に着目していたが、湿地の機能に関する知見および生物多様性の概念が成熟するにともない、1999（平成11）年に開催された第7回締約国会議において世界的に重要な湿地の基準（ラムサール基準）が改定され、水鳥を中心としたものから生物多様性全般について含有する内容となった。また、同会議において条約湿地を倍増すべきとの決議が行われたことに基づき、日本も条約湿地倍増の目標を掲げ、新しい基準に沿って多様な湿地を登録できるよう準備を行っている。

ラムサール条約とも関連があるが、日本はアメリカ、ロシア、中国およびオーストラリアの4カ国と2国間の渡り鳥など保護条約／協定を結んでいる。また韓国とのあいだでも渡り鳥保護協力のための会合を定期的に開催している。渡り鳥やその生息環境の保護を図るため、2国間の渡り鳥などに関する研究、情報交換を通じ、それぞれの国において捕獲規制や保護区の設定などを行うことが目的である。

■種の保存のためのワシントン条約

ワシントン条約は正式名称を「絶滅のおそれのある野生動植物の種の国際取引に関する条約」といい、野生動植物の種の国際取引を規制することによって絶滅のおそれのある種の保存を図ることを目的としている。

1973（昭和48）年に採択され、環境条約としては古い部類に入る。付属書ⅠからⅢに掲げられている種について「外国為替及び外国貿易管理法」の輸出貿易管理令および輸入貿易管理令ならびに関税法に基づいて水際での規制を行っている。違法な国際取引がなくならないのは国内において適正な希少野生動物種の取引管理が為されていないためであるとの議論が行われ、これに対応するため日本は独自に「種の保存法」に基づきワシントン条約の付属書Ⅰに掲げる種について国内での取引規制を行っている。

世界遺産条約は正式名称を「世界の文化遺産及び自然遺産の保護に関する条約」といい、人類全体にとって重要な世界の遺産の保護を目的としている。具体的には、保護を図るべき遺産をリストアップし、締約国の拠出金からなる世界遺産基金により各国が行う保護対策を援助している。日本は１９９３（平成５）年に登録された屋久島、白神山地につづく世界自然遺産として知床を推薦しており、２００５（平成17）年６月の世界遺産委員会において、登録の可否が決定されることとなっている。

蟹江志保

ワシントン条約常設委員会
(ジュネーブ)

2　身近な自然といきものたち

生き物のさと、里山

■トトロの風景

田んぼ、鎮守の森、薪、落ち葉かき、たい肥、山菜、水路、あぜ道、ため池など。水田や雑木林の入り組んだ日本では、当たり前の風景……。

「となりのトトロ」というアニメ映画をご存じだろうか。外国語版も発売され、非常に人気がある映画だが、この映画を見ているとほっとするような懐かしい気持ちになる。どこにでもあった日本の風景、里山と呼ばれる風景がそこにある。そしてその風景には、そこをすみかとする動植物がたくさんいる。カエルの産卵には暖かく、流れのない田んぼがうってつけの場所である。トンボの産卵や幼生（ヤゴ）の生活にも田んぼやため池が必要だし、草などにつかまって羽化できる環境が必要である。田んぼに水を引くために

里山の景観（薪炭林、棚田がモザイク状に配置されている）

つくられた水路はドジョウなどの生息地であり、フナやナマズなどには産卵のための重要な遡上経路でもある。水田への水を一時ためておくため池は、タガメやゲンゴロウといった昆虫にとってはなくてはならないすみかである。オオタカやサシバといった猛禽《もうきん》類は高い営巣木と開けた餌場が必要で、林・農地・水場のセット、つまり里山の環境が欠かせない。ガンやヒシクイといった渡り鳥にとっても、水田のような開けた餌場は重要な中継地なのである。

里山は、地形の複雑さと水田・雑木林・ため池といったさまざまな要素が入り組んだモザイク的環境である。いろいろな地形や要素を含むほど、多様な動植物が生息できる環境が保証される。里山を保全することは生物多様性を保全することそのものにほかならない。

■里山の変貌

こうした日本の風景のなかの身近な動植物が近年激減している。原因はもちろん、彼らが住んでいる「里山という環境」の変貌の結果にほかならない。人間による開発が原因だろうか。もちろん、ゴルフ場などに開発され失われた里山もあるが、実はその逆である場合が多い。つまり、里山の放棄である。里山の生態系は人間が生活のために利用し、適度なかく乱をもたらすことで成り立ってきた特殊な生態系である。人為的につくられた水田、水路、ため池は小動物のすみかや産卵場所であり、人が利用し、手を入れることにより光が入る雑木林には、カタクリなどの植物が育つ。

ところが、昭和30年代から化学肥料、化石燃料の導入により里山の利用は大きくかわった。燃料としての薪炭材、たい肥用の落ち葉や下草、農林産物としてのタケノコや竹細工、牧草用・屋根ぶき用としての草地といった里山の経済的利用価値は低下し、その役割は失われてしまった。山には針葉樹が植林されるようになり、多様な樹種のある多様な生態系は失われていった。また、都市化や農村の高齢化が進み、人手のいない農家は土地（田んぼ、林）の管理をできなくなったばかりか、売却するケースが多く見られるようになった。その結果、里山は宅地、道路、ゴミ処分場へと転換され、バブル期にはゴルフ場になるものも多く見受けられた。

管理されない、荒れた里山ではなにが起こるのだろうか。植生によって状況はさまざまだが、概して本州東部を中心にしたコナラ林ではマダケやモウソウチクが繁茂したり、アズマネザサなどが林床をびっしりと覆うようになる。そうすると、光があたらない林床からカタクリなどの下層植物が消失してしまう。また西日本を中心としたアカマツ林では、アカマツ林が消失したあとにツツジ類やクズなどが繁茂して低木林（やぶ）となるため、野生生物の生息環境としては好ましくない。こうして水田の消失や雑木林の荒廃によって動植物が絶滅の危機に瀕する状況が生まれる。

■データから見る

里山と呼ばれる場所は、日本中にどれくらいあるのだろうか。環境省が行っている自然環境保全基礎調査をもとに、二次林（自然林伐採のあとに自然に成立する森林）や農地のなかに森林を含む土地などを「里地里山」としてとらえ、その全国分布を見てみることにした。すると、全国の約４割が里地里山と呼ばれる場所であるという結果が出た。この里地里山地域に絶滅のおそれのある種（ＲＤＢ種）の分布を重ねてみる。すると植物、動物ともＲＤＢ種が多く出現する場所のなんと５割が里山にあることがわかったのである。現在ＲＤＢ種であるメダカに至っては、約７割が里地里山に生息していることが判明した。

これまで、保護が必要な絶滅危惧種のイリオモテヤマネコ、オガサワラオオコウモリ、ヤンバルクイナなどは島嶼《とうしょ》などに生息し、特殊な環境であるがゆえに絶滅の危機にさらされてきた。しかし、今度は国土の４割にもあたる、どこにでもある里山という環境のなかで、メダカやタガメといった身近な動植物が消えているという事実が明らかになったのである。

■対策のむずかしさ

みなさんは、危険にさらされている動植物があれば、保護地域に指定して保護を進めればよいとお考えになるだろう。たしかにそれは場所や種によっては有効な手段となる。しかし、里地里山に住むメダカなどを保護する場合はそう簡単ではない。国土の4割にあたる地域すべてをさまざまな規制のある保護地域に指定するのは不可能だからだ。しかも、国立公園や国定公園といった保護地域のほとんどが脊梁山脈などの高緯度の場所に指定されていて、里山などの低い林野や河川、田んぼはほとんど含まれていない。

問題はそれだけではない。里山の生態系を維持するには人手が必要である。かつては、薪の採取、炭焼き、落ち葉かきなどの循環型の人の生活や営みによって適度に攪乱され、維持されてきた生態系は、ライフスタイルの変化とともに大きく変化してしまった。しかし、循環型の農業を維持しようにも、若い人の農林業離れや、さらには海外からの安い農産物に押されている現状が行く手をはばんでいる。また、都心にわずかにのこされている希少な屋敷林や平地林などは相続税問題のため、人手に渡ってしまうことも多い。

こうしたさまざまな問題や利権が絡みあう里山を含めた中山間地域の問題は、ひとつの政策を打てばすべてが良くなるといった単純なものではない。

■動き出したNGOと政府の取り組み

そうしたなかで活発に動き出したのがNGOである。人手がなくなった農家の山林の管理をボランティアで手伝う。ナショナルトラスト運動で貴重にのこされている里山地域の土地を買いあげ、管理する。ため池などの保護を地域一帯となって働きかける。そういった活動をNGOが積極的に行っている。こうした里山の保全活動を行っている団体について環境省が調べたところ、約1千にも及ぶ団体からアンケートの回答が得られた。実際にはこの数字以上の団体が全国各地で活動していると思われる。

環境省でも、今までなかなか対策を立てられなかった里地里山といった中間領域の問題に対して、農林水産省、国土交通省などと連携・共同して積極的に対策を立てていきたいと考えている。これまでのデータ分析をもとに、新・生物多様性国家戦略のなかでも里地里山に取り組む方針を打ち出した。

保全のためには多岐に渡る政策が必要となるだろう。そしてそれはけっして人ごとではなく、わたしたちのライフスタイルや日本の国土の向かうべき姿を問い直す問題でもある。

池田和子

コウノトリがふたたび大空を舞う日

■日本にもいたコウノトリ

絶滅の淵に追いやられた野生生物として象徴的なトキ。一方、このトキより先に絶滅の運命をたどったコウノトリについては、同じ大型鳥類でありながら意外と知られていないのではないだろうか。

「コウノトリといえば、ヨーロッパでは「子宝を運ぶおめでたい鳥」とされるシュバシコウが有名だが、かつて日本にも生息していたコウノトリはやや大型の別種である。繁殖地はロシアのアムール川流域や中国東部の低湿地帯にかぎられ、中国東南部や韓国、台湾などで越冬する。生息数は約2千500羽といわれる世界的な絶滅危惧種だ。

江戸時代には、大陸からの渡り鳥や日本に留まって繁殖するものなど、東北から九州にかけての各地に生息していたという。河川の浅瀬や水田などを餌場とし、マツの大木に営巣するコウノトリは、人びとにとって身近な鳥であったと思われる。ところが、近代化の波が押し寄せた明治初期の狩猟解禁により乱獲され、いつのまにか生息域は豊岡盆地（兵庫県北部）に孤立してしまった。手厚い保護を受けていた豊岡盆地でも、第2次世界大戦中には営巣木となるマツは伐採され、コウノトリは生息地を追われた。さらに追い打ちをかけたのは、戦後の高度成長期に生産性の向上を図るため行われた農地改良や河川改修である。餌となるドジョウやカエルなどの生息地が激減し、大量に使用された農薬の影響もあって坂道を転げ落ちるように減っていったコウノトリ。そして１９７１（昭和46）年、保護された最後の野生個体が死亡したことで、日本の野生コウノトリはこの世から姿を消してしまったのである。

豊岡におけるコウノトリのかつての営巣地の分布

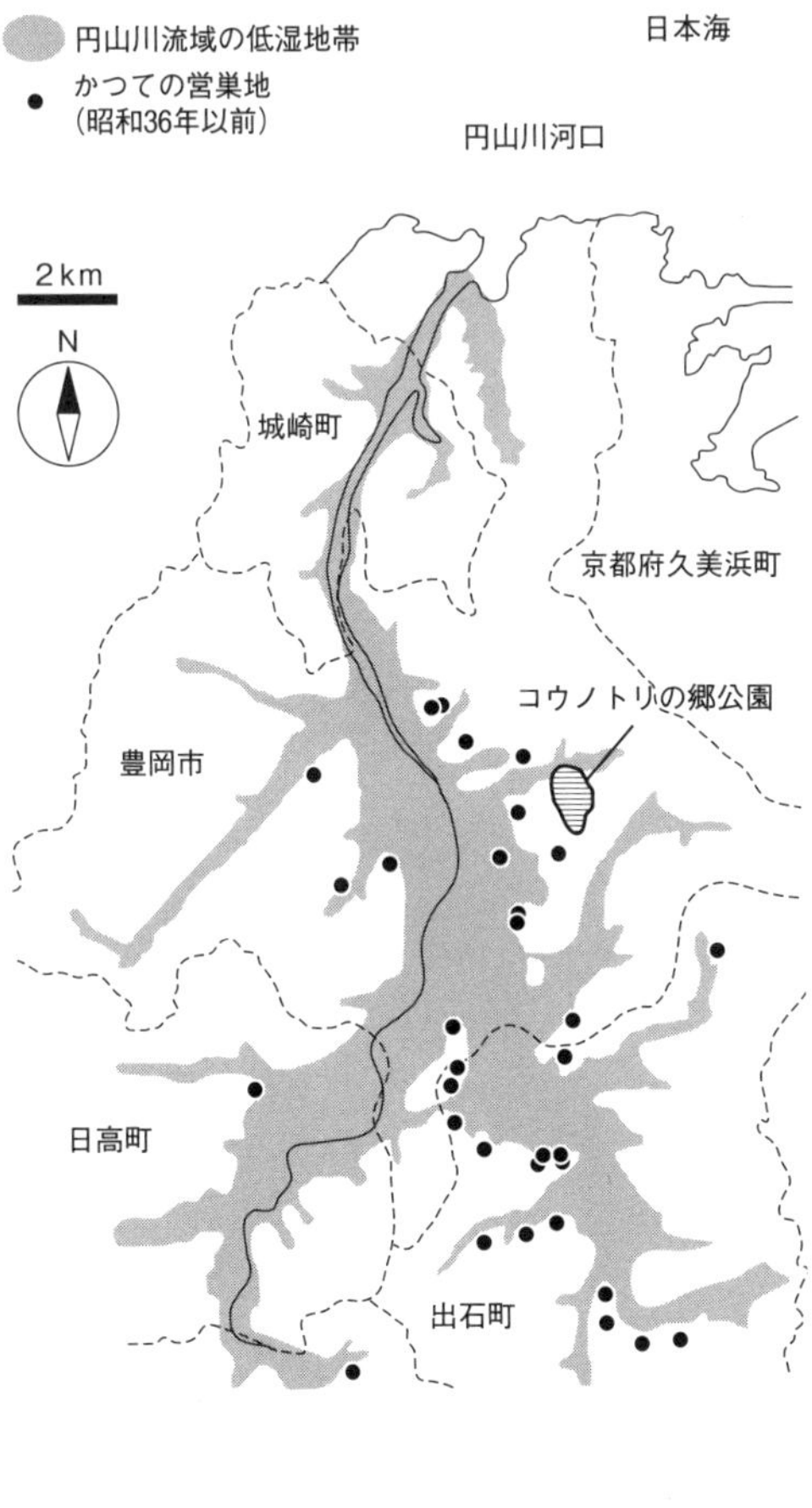

（出典　内藤和明、池田 啓『コウノトリの郷を創る―野生復帰のための環境整備―』ランドスケープ研究Vol.64 No.4）

人工飼育下のコウノトリ。個体数は110羽を超えた

■人工飼育に光が

急速に数を減らしていくコウノトリの状況に、人びとはただ手をこまねいていたわけではない。これ以上数を減らすまいと保護運動が始まり、1965（昭和40）年には豊岡市で野生のペアを捕獲して人工飼育が始められた。人工的に餌と営巣環境を確保してやればふたたび繁殖すると考えられたのだ。ところが、絶滅寸前の種の繁殖力は想像以上に弱っており、ヒナはいっこうに生まれない。このままでは増殖事業は暗礁に乗りあげるかに思われた矢先の1989（平成元）年、ついにロシアから導入されたペアが繁殖に成功。人工飼育を始めてから実に25年目にしてようやく転機が訪れたのだった。

その後着実に個体数は増え、2005（平成17）年2月現在、飼育個体数は110羽を超えるまでになっている。そしてヒナの数が増えていくにつれて、地域の人びとの気持ちは前向きにかわっていったという。ふたたびコウノトリが大空を舞う豊岡盆地を取り戻そうという気運が高まり始めたのである。

■野生復帰に向けて

野生コウノトリ最後の地となった兵庫県豊岡市。円山川沿いの低地に広がる水田と、周りを取り囲む里山林がかたちづくる田園地帯に「兵庫県立コウノトリの郷公園」が1999（平成11）年に開園した。コウノトリという野生下では絶滅した種を飼育するだけでなく、かつて生息していた環境に戻し定着させることを目指すユニークな施設だ。約165ヘクタールの園内には、飼育・繁殖ケージや研究施設の他に、棚田を復元した餌場となる湿地も整備されている。なかでも特徴的なのが敷地面積のほとんどが里山林であることだ。コウノトリの生息環境は、餌場となる湿地と営巣木のある里山林がセットになった環境である。流域ごと公園化し、コウノトリの生息しやすい環境を整備していくことで、徐々に野生に戻していこうという構想なのである。

コウノトリの繁殖技術がある程度確立された今、増えた個体を野に放つことはすぐにでもできる。問題は、放たれたコウノトリが自力で生き延びて子孫をのこせるよう、受け皿となる環境が整っているかどうかだ。かつてコウノトリが利用していた水田や河川、里山林が一体となった農村環境は、豊岡盆地ではまだまだのこっているように見える。ところが、度重なる水害を引き起こした円山川では河道の直線化や護岸工事が行われ、浅瀬が失われてしまった。かつては1年中水が張られていた水田も、生産性をあげ大型機械を入れるために乾田化され、水が入る時期はわずか数カ月である。また用排水分離により水路と水田が分断されたため魚が水田に入れなくなり、水路自体もコンクリートの3面張りになった。周囲の里山林には営巣に適したマツの大木はほとんど見られない。コウノトリの目から見ると、現在の豊岡盆地はかなりすみにくい場所になってしまっているのだ。

コウノトリを支えていた田園生態系は、人間が水路を巡らして田に水を引き、稲を育て、薪炭林の手入れをしていたその営みの結果、形成・維持されてきた自然である。コウノトリのすみやすい環境を取り戻すためには、効率性や生産性の向上のみを押し進めてきた社会のしくみ自体について、少しずつかえていくことが求められているといえる。

■コウノトリとともに生きる地域づくり

コウノトリの郷公園の構想が持ちあがってから、この地域では活発な環境保全活動が展開されている。たとえば、減農薬のアイガモ農法を導入し、生き物がすみやすく環境負荷の少ない農業に取り組んでいる農家や、減反による転作田を活用し多様な水生生物の生息場（ビオトープ水田）をつくる試みを行っている市民団体などである。

兵庫県立大学では、地元の小中学生に身近なお年寄りからコウノトリの記憶を聞き取ってもらう調査を実施した。過去の生息環境や人とのかかわりを明らかにすると同時に、将

かつての生息環境が整備された「コウノトリの郷公園」

来を担う世代にコウノトリと暮らしていた郷土について理解を深めてもらおうというものである。

一方、県が中心となったコウノトリ野生復帰推進協議会は2003（平成15）年3月「コウノトリ野生復帰推進計画」を策定した。2005（平成17）年秋の試験放鳥を目指し、生息環境を整備していく計画だ。河川の浅瀬創出、魚道水路の設置、転作ビオトープ水田の設置などが進められている。

こうした多方面の取り組みを察知するかのように、2002（平成14）年8月、1羽の野生のコウノトリが豊岡盆地に飛来した。ロシアからの迷い鳥とみられているが、付近の水田などで餌をとりながら、現在もコウノトリの郷公園周辺に留まっているという。

「コウノトリの野生復帰」とは、たんにコ

ウノトリを野生に放すことでもなく、地域の人びとに昔の生活様式に戻れということでもない。コウノトリがすめる環境は人間にとっても豊かな環境だという認識のもと、コウノトリと共生する地域づくりを目指すことなのである。なによりも、これらの環境保全の取り組みが地域の活性化につながることが大切だ。近い将来、ふたたびコウノトリが大空を舞う日を目指す豊岡の人びとの取り組みに、今後も注目していきたい。

守分紀子

勢力を拡大するタケ

■身近なタケの存在

われわれ日本人にとって、古来、タケほど身近で有用な植物はなかったのではないだろうか。身の周りでタケに由来するモノを考えてみよう。まず浮かぶのが、初夏に伸びて食用となるタケノコ。また、タケの棹から取れる材は軽く、まっすぐで耐久性に優れ、加工にも適している。そのため篭や竿、筒、箒から団扇や扇子の骨に至るまで、日常生活や農林漁業で使用する多種多様な民具として加工されてきた。日本文化といえば茶道や華道、雅楽などが代表格だが、ここでも竹材を利用した道具や楽器の存在が欠かせない。さらに、建材や内装材、造園材（垣根など）としてもさかんに利用されてきたほか、皮は包装材や馬連として使われた。まさに捨てるところのない、優れものの植物なのである。

世界中に、タケ類やササ類は1千種類以上存在するといわれているが、日本で見られるおもな大型タケ類は、モウソウチク、マダケ、ハチクの3種類である。もっとも大型なものがモウソウチク（孟宗竹）で、高さ25メートルに達し、竹材とタケノコとして利用される。巷で流通しているタケノコはほとんどこの種のものだ。マダケ（真竹）は高さ20メートル程度とモ

植林地に侵入したタケ

ウソウチクよりやや小型で、繊細な加工が可能なため竹材の価値が高い一方、タケノコは食用に向かない。ハチク（淡竹）はマダケより耐寒性があり、竹材は細く割れるので茶筅《ちゃせん》などに使われ、タケノコは美味とされるが、他の2種と比べるとかなりマイナーな存在だ。

■タケの分布と拡大

これらのタケは、利用価値が高いことからさかんに集落の周りに植えられ、用途に応じた管理がなされてきた。竹林は、人の営みと自然が多様な環境を織りなす里地里山の一要素として、長らく存在してきたのである。ところが、ごく近年になって、タケが野放図に山の中腹まで進出したり、植林地や樹園地のなかに入りこんだりする姿が目に付くようになってきた。注意して見れば、列車や車の窓からでも、タケが山の斜面のかなり高いところにまで分布を広げている景色に頻繁に出会う。

農水省統計によれば、全国の竹林面積は約15・4万ヘクタール

「2000（平成12）年」であり、そしてここ20年ほど、面積は微増傾向にある。一方、経営されている竹林面積（林野庁統計）は1980年代から激減しており、現在わずか6万ヘクタールほどしかない。つまり、この差にあたる面積のタケは、タケノコや竹材生産には利用されておらず、適切な管理がなされていない状態なのだ。放置されたタケは、条件が良い場所では急速に周囲に分布を広げていると考えられる。静岡県による調査では、県内の竹林面積が1988（昭和63）年から2000（平成12）年までの12年間でおよそ1・3倍に拡大したという結果が報告されている。

近年、自然に著しく分布を拡大しているタケは、ほとんどがモウソウチクである。マダケとハチクは古くから日本に存在する種だが、モウソウチクは、（諸説はあるものの）1700年代ごろに中国から導入された種だという。桜島の雄大な借景で有名な鹿児島の仙巌園には、「1736年に中国から移植した孟宗竹」とされる竹林が今ものこる。モウソウチクは日本での歴史がたかだか300年程度の新参者というわけだが、各地でさかんに植えられたとはいえ、高木に匹敵する大型の帰化植物がここまで分布を広げて野生化しているケースはかなりめずらしい。

■なぜ広がるのか、なにが問題なのか

タケ類は、地下茎を伸ばし、新たなタケノコを出すことにより分布を拡大していく。他の樹木を駆逐しながら広がるモウソウチクの競争力の強さは、成長に非常に有利な生理的

全国における竹林の分布図（環境省　自然環境保全基礎調査　第３回植生調査結果より）

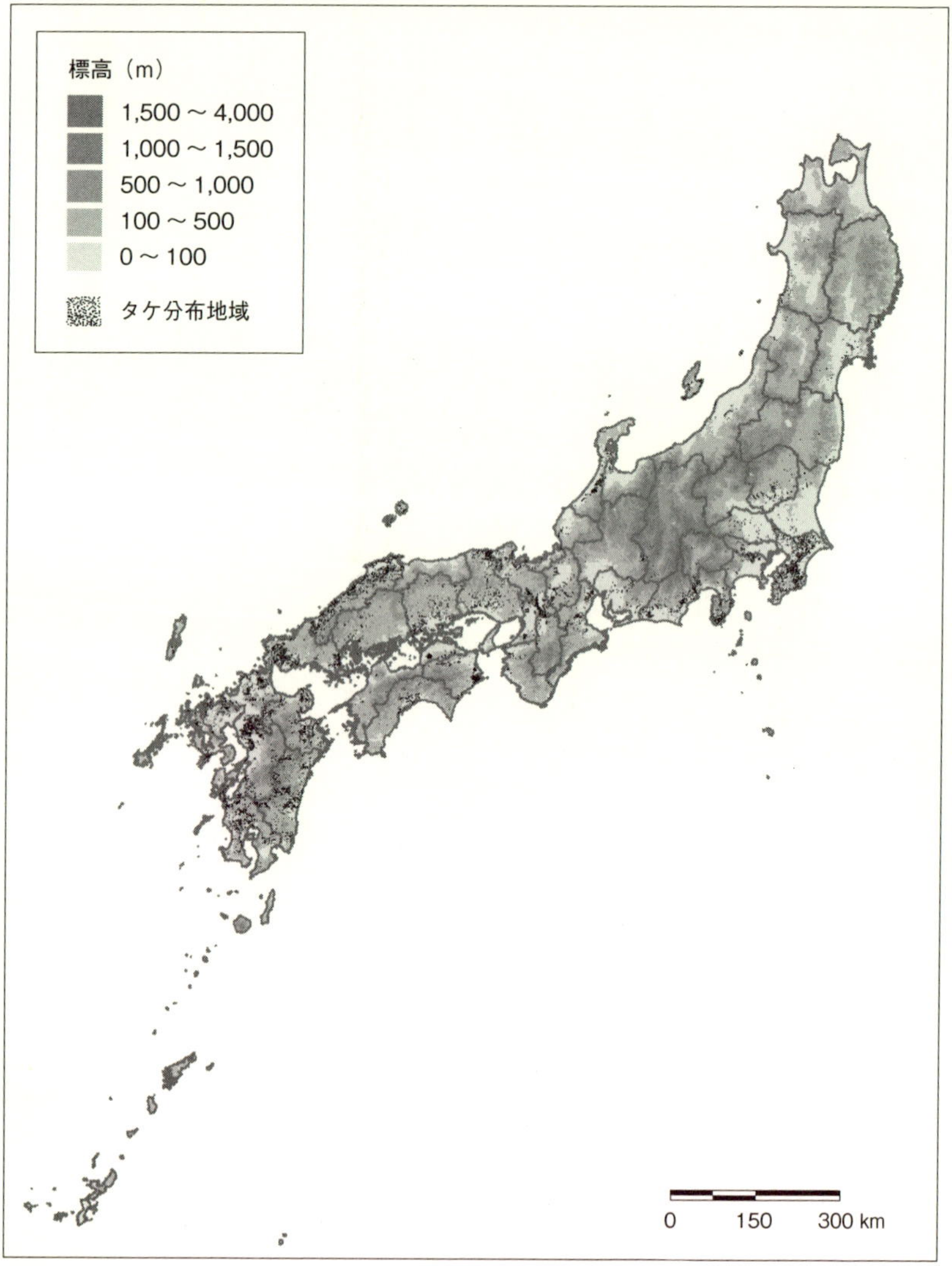

特徴を持つためだ。地表に芽を出してから成木の高さに達するまでに、樹木は10～数十年、マダケは数年かかるのに対し、モウソウチクはわずか1年しかかからない。また、養分を地下部に蓄えているため、成長に光を必要とせず、タケノコを一気に樹高の高さまで伸ばしてから葉を広げる。樹木が上を覆うような暗い環境でも樹冠を突破してすばやく成長し、逆に光を奪ってしまうことが可能なのである。

一方で、地下茎で拡大するということは、花を咲かせ、実を遠くに飛ばして広がるような植物よりも管理はしやすい。人手によって地下茎を適切に管理しさえすれば、生育拡大は防げるのだ。タケが積極的に利用されていた時代には、タケノコの堀取りや間伐など、竹林では適切な密度管理がなされていた。タケの無秩序な拡大が顕著になったのは、タケに利用価値がなくなり、管理放棄されたためなのである。その背景には、中国から安いタケノコの水煮缶詰が輸入されるようになり、国産タケノコが価格競争に負けて衰退したこと、化学製品が普及したため竹材の需要がなくなったことが大きい。

利用価値がなくなり放棄されたタケは、やがて周囲の土地に侵入し、植林地や樹園地を占領してしまう例も多い。また、荒廃した竹林内は細いタケが密生して暗い藪のようになる。林床は分厚い落葉に覆われて他の植物はほとんど生育できず、生物多様性が著しく低下してしまうのだ。朽ちたり折れたりしたタケの棹が累々と折り重なっている姿も、里地里山の景観上、大きなマイナスである。

■タケは悪者？

人手が入らなくなった里地里山で、静かに勢力を拡大しているタケ。その姿に危機感を抱き、里地里山の保全や人工林の保全、景観維持などの観点からタケの管理を行おうという動きもまた、各地で広がっている。主体は、行政、森林組合、ＮＧＯ、企業などさまざまだ。タケの産地として有名な京都府では、放置竹林の拡大に対応するため、周囲森林に侵入した竹林伐採の補助制度を導入している。里地里山の保全活動を行っているＮＧＯでは、タケの伐採やタケノコ掘り、発生した竹材を利用した竹炭づくり、竹クラフトなどを活動に取り入れている団体も多い。とくに、吸湿効果や脱臭効果のある竹炭は、現代人のニーズにマッチした新たな竹資源の活用方法として注目を集めている。

かつての価値が失われた竹林を管理することは、人手不足の問題や土地所有の細分化、不在地主の増加などにより、かなり困難であることは明らかだ。「悪者をやっつける」発想で行政や土地所有者がタケ駆除を展開するだけではつづかない。だが、無秩序に広がるタケも、適切な管理をすれば再生可能な資源として実にさまざまな利用価値がある植物である。先人の技術や知恵を活かしつつ、タケを利用する楽しみ、そして竹炭・竹チップなどの新たな資源という現代的な付加価値をつけてタケの管理メリットを生み出していく。そんな社会システムづくりを目指す必要があるのではないだろうか。

守分紀子

3　失われた自然を取り戻す

生態系のバランスを取り戻すには——衰退する大台ヶ原の森

■紀伊半島のオアシス　大台ヶ原

かつては本州以南に広く生息していたニホンオオカミ。開発による生息地の縮小や伝染病の広がりなどで明治時代に激減し、ついには絶滅してしまったが、最後まで生息していたとされるのが紀伊半島だ。台高山脈の麓、奈良県吉野郡東吉野村で1905（明治38）年に捕獲された1頭が史上最後の記録であるが、紀伊半島では今でも生存説が後を絶たない。ここならまだ生存しているかもしれない、そう思わせるほど紀伊半島の山々は深い。

その中核部に位置する吉野熊野国立公園の大台ヶ原（奈良県、三重県境）は、年間降水量が4千ミリを超える日本有数の多雨地帯。紀伊半島の3つの主要河川、熊野川・吉野川・宮川の源である。大昔の海底が隆起し、その後降雨に削られてできた台地状の地形で、最高峰の日出ヶ岳（1千695メートル）をはじめ、1千300〜1千600メートル級の峰々が取り囲む。ほぼ全域が自然林に覆われ、山上東側にはトウヒを中心とした針葉樹林、西側にはブナを中心とした広葉樹林の原生林が広がっている。大台ヶ原の変化に富んだ地形と豊かな降水量が多様な生物相を支えているのだ。

「紀（木）の国」と言われるように日本有数の木材産地として奥地までスギ・ヒノキの植林が進んだ紀伊半島。そのなかで、大台ヶ原は自然のままの森がのこる、まさにオアシスのような場所なのである。

■大台ヶ原で起こっている異変

ところが、はじめて大台ヶ原を訪れる人は、原生林のイメージとはかけ離れた景色に衝撃

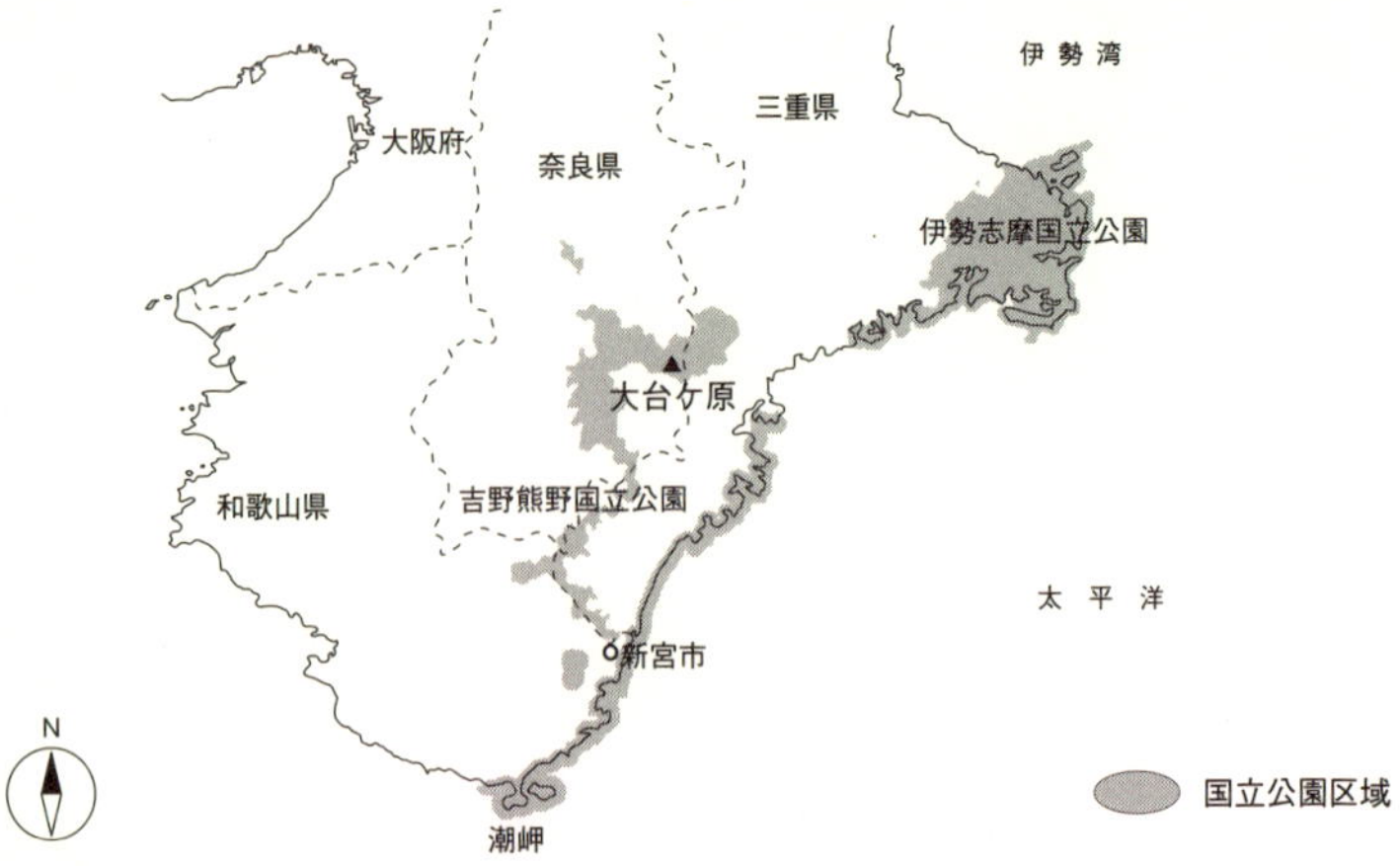

を受けるだろう。日出ヶ岳山頂に近い正木峠付近には、立ち枯れたトウヒが林立する荒涼とした風景が広がっている（119ページ写真）。つい40年前までは、コケに覆われうっそうとしたトウヒ林が見られたが（写真下）、１９５９（昭和34）年に近畿地方一帯を襲った伊勢湾台風によりその多くが倒れ、森に変化が起き始めたのだ。

異変は白骨化したトウヒのほかにも見られる。正木峠に広がるミヤコザサの草原は、まるで刈りこまれたように不自然に短くそろっており、次世代の森を担うはずの稚樹もまったく見当たらない。周辺の森にかろうじてのこるトウヒの多くには、樹皮をむかれた生々しい傷跡が見られる。これは樹木にとって、血管を絶たれることと同じであり、たいていは枯れてしまう。

1960年代の正木峠

ミヤコザサを食べたり、トウヒの稚樹や樹皮をかじったりしているのは、大台ヶ原に近年数多く生息するようになったシカの仕業である。最近の調査では、トウヒ以外の樹木にも剥皮が確認されている。ミヤコザサを主食とするシカにとって、ササが茂る大台ヶ原は別天地なのだろうが、餌が豊富にあるにもかかわらず、なぜトウヒなどの稚樹や樹皮まで食べるのか、本当のところはわかっていない。

いずれにしても、今やシカの影響は大台ヶ原全域に広がっている。成木が枯れるばかりでなく、稚樹も食べられてしまうため次世代の木が育たず、森林を構成する樹種が減りつつある。そして、バイケイソウやトリカブトなど、シカが食べない毒草の群落が目立つようになってしまった。今、大台ヶ原では森林生態系全体が衰退に向かっているのである。

1990年代の正木峠

■崩れゆく生態系のバランス

台風による倒木と、シカの採食。大台ヶ原の森林衰退は一見自然現象に見える。しかし、実際には、そのプロセスは人間の活動とも密接なつながりがあったことがわかってきた。

１９５９（昭和34）年の伊勢湾台風を契機に、乾燥し明るくなった森ではコケのかわりにササが生育するようになったが、当時発生した多量の風倒木を運び出したことでさらに林床が荒れてしまった。また、１９６１（昭和36）年に開通した大台ヶ原ドライブウェイにより、山頂近くまで車で到達できるようになった。そのため入山者が急激に増え、林床の踏みつけやコケの盗採などによってますますササが広がるようになったのである。

一方、昭和30年代に大台ヶ原の周辺地域で植林地造成を目的とした大規模伐採が進行し

現在の正木峠

森林衰退のしくみ

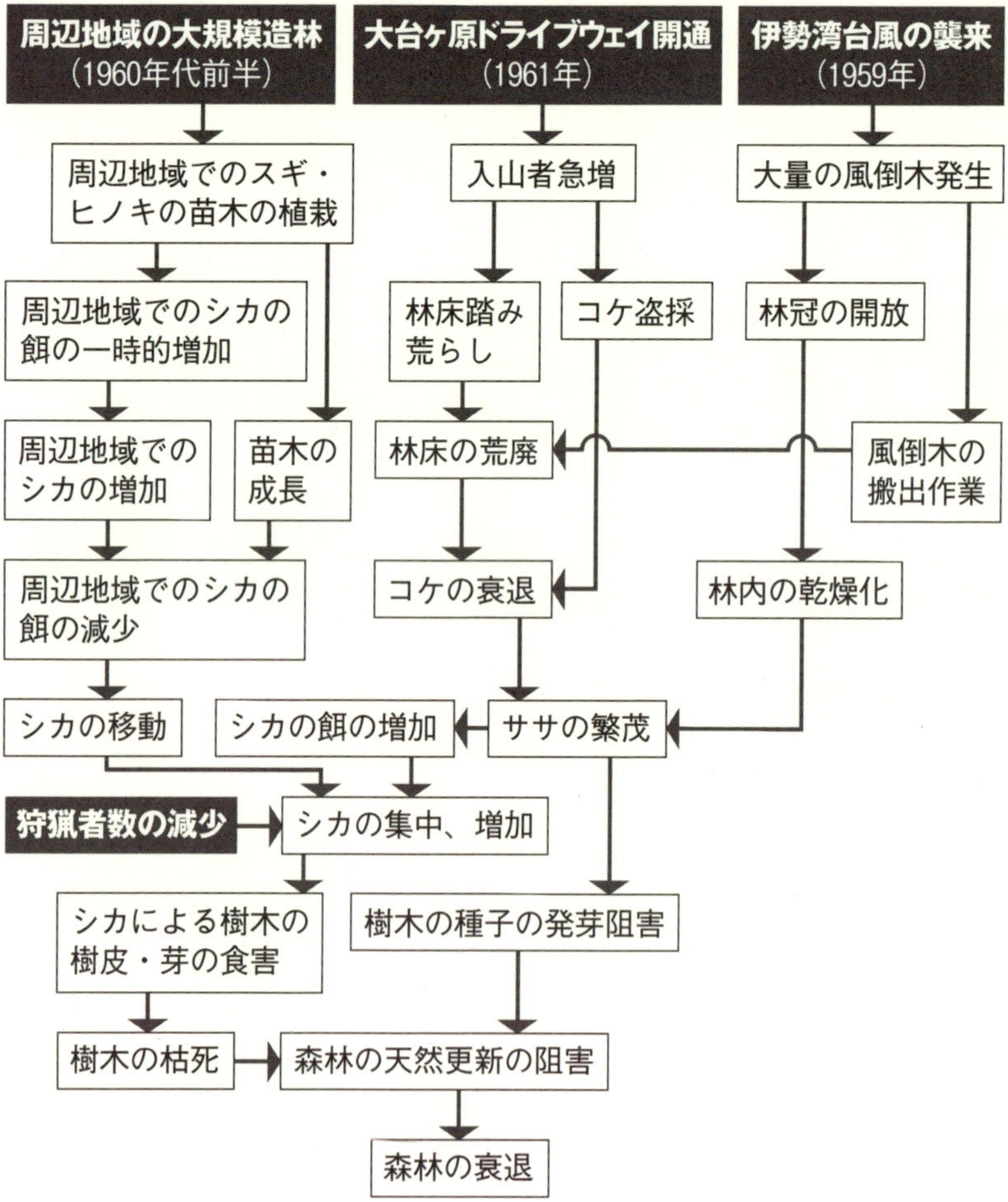

周辺地域の大規模造林
（1960年代前半）
大台ヶ原ドライブウェイ開通
（1961年）
伊勢湾台風の襲来
（1959年）
周辺地域でのスギ・ヒノキの苗木の植栽
入山者急増
大量の風倒木発生
周辺地域でのシカの餌の一時的増加
林床踏み荒らし
コケ盗採
林冠の開放
周辺地域でのシカの増加
苗木の成長
林床の荒廃
風倒木の搬出作業
周辺地域でのシカの餌の減少
コケの衰退
林内の乾燥化
シカの移動
シカの餌の増加
ササの繁茂
狩猟者数の減少
シカの集中、増加
シカによる樹木の樹皮・芽の食害
樹木の種子の発芽阻害
樹木の枯死
森林の天然更新の阻害
森林の衰退

（「大台ヶ原ニホンジカ保護管理計画」より）

たため、伐採跡地で餌となる草本類が増加し、それにともなってシカも増えた。しかし、スギやヒノキの苗木が生長すると林内が暗くなり草本は姿を消し、餌場を失ったシカは、ミヤコザサが広がりつつある大台ヶ原に集まってきたとされている。天敵のオオカミはすでに絶滅し、猟師が少なくなったことも増加の一因だ（右図）。自然植生への影響が少ないシカの密度は、３～５頭／平方キロメートルと推定されているが、大台ヶ原ではなんと約30頭／平方キロメートルと言われている。こうして高密度に生息するようになったシカにより、森林衰退に拍車がかかり、生態系のバランスは大きく崩れてしまった。

■植生保全の取り組み

大台ヶ原の異変については解明されていない点もある。しかし、稚樹が育たない状況でこのままのこっている成木さえも枯れてしまえば、一帯ははげ山になってしまう恐れもある。水源地での異変は、下流域にも影響をもたらす可能性が大きい。大台ヶ原の森を保全し、バランスのとれた本来の自然の生態系を取り戻すために、われわれはなにをすべきなのだろうか。

環境省では、大台ヶ原の植生保全対策として１９８６（昭和61）年からさまざまな事業を行ってきた。のこされた樹木を守るため、木の幹への金網の巻きつけ、シカの侵入を防ぐ「防鹿柵」の設置などが行われており、トウヒの育苗試験も併せて進められている。

しかし、高密度に生息するシカの影響そのものを軽減しなくては、取り返しのつかない状態にまで進行してしまうのは時間の問題だ。そこで、２００１（平成13）年11月に策定された「大台ヶ原ニホンジカ保護管理計画」には、個体数調整の手法が導入された。ここでいう個体数調整とは、科学的な調査に基づき自然植生への影響を軽減できる密度（10頭／平方キロメートル）にまで人為的にシカの頭数を減らしていくことである。毎年シカの生息密度に関する調査を実施して個体数を把握し、捕獲計画に反映させていく。

■森林生態系の保全・再生をめざして

大台ヶ原の植生保全対策が開始されてから15年以上。生態系の複雑さが解明されてきた現在では、「自然を守る」という概念は複雑化している。バランスの崩れた生態系においては、絶滅の危機に瀕する種ばかりでなく、シカのように増えすぎている種も見られる。「数を増やすことイコール保護」という図式が必ずしも成り立たなくなっているのだ。しかし、だからといってシカは植生を破壊する悪者だということではない。シカも植生も大台ヶ原の森林生態系の大切なメンバーである。植生かシカかの二者択一ではなく、大切なのはバランスのとれた森林生態系を取り戻すことなのだ。

環境省では、今までの植生保全対策に加えて、利用者が集中することによる影響や周辺地域の森林を含めたより広い視点に立って、大台ヶ原の森林生態系の保全・再生をすすめていくことを目指している。２００２（平成14）年に専門家、自治体、ＮＰＯなどで構成された「大台ヶ原自然再生検討会」を立ちあげ、保全・再生の方向性や具体的な方策について検討をおこなっている。

大台ヶ原で起こっていることは、われわれに生態系のバランスの複雑さや脆さを教えてくれる。その衰退をくいとめ、健全な姿をよみがえらせることは困難なみちのりだが、それをめざそうという気運がさまざまな関係者を巻き込みつつあることは心強い。

守分紀子

都心に創り出された森――明治神宮の森

■静寂の森に抱かれた明治神宮

表参道――東京でもっともスタイリッシュで躍動的なまちのひとつである。ケヤキ並木の両側にはオープンカフェや一流ブランドの店舗が建ち並び、名のある建築家による個性的な建物も多い。そのなかで75年の歴史を持つ同潤会青山アパートも、再開発のため２００３（平成15）年春に解体が開始された。

都市のエネルギーと目まぐるしいほどの変化に満ちたこの「参道」を進むと、つきあたりにこんもりと見えてくる緑が明治神宮である。境内入口にそびえる第一鳥居をくぐると、うっそうとした森に足を踏み入れたかのようにひんやりとすがすがしい空気に包まれる。正月３が日の参拝者数は全国一、毎年３００万人以上を数える初詣のメッカだが、その時期が過ぎると境内はまた元の静寂を取り戻す。参道の両側にはクスノキやシイ・カシの見事な大木が枝を張り出し、橋の下にはせせらぎが流れる。足元に踏みしめる玉砂利の音が吸いこまれていくような静けさと荘厳さに、つい東京のまんなかにいることを忘れてしまいそうだ。

明治神宮参道

新宿の高層ビルから見下ろすと、コンクリートジャングルに浮かぶ緑の島のように見える明治神宮。この風格のある森を見て、武蔵野のおもかげをのこした貴重な自然林だと誤解する人も多いという。しかし、70ヘクタールを超える広大な明治神宮の森は、実はわずか80年前に人の手によって創られた、いわば人工の森なのである。

■神社林にふさわしい森とは

明治神宮は、その名のとおり明治天皇を祭神として祀《まつ》る神社である。１９１２（明治45）年に明治天皇が崩御すると、神宮の創建を願う運動が全国でわき起こった。そして数ある候補地のなかから、とくに天皇との縁が深く神域にふさわしい場所として選ばれたのが、現在の場所（当時の代々木御料地）であった。

古来より、日本人にとって神と自然とは非常に深い関係にあったのだろう。どんな小さな神社にも、境内にはたいてい大樹や林があることに気づく。「鎮守の森」といわれるように、神社の尊厳を保つために神社林はなくてはならない存在なのである。明治神宮の創建にあたっても、神域にふさわしい荘厳な景観と雰囲気を持つ森を創り出すこととされ、かつその姿が永遠につづく「永遠の杜」を目指した壮大な計画が立てられた。そのためには、自然林に近い状態を創り、その森が人手を加えなくても代替わりしていく（＝天然更新）ことが重要であった。

しかし、代々木御料地は中央部にアカマツ林と雑木林がわずかにあるばかりで、その敷地の大部分が農地や草地、沼地だったという。このような場所に自然林に近い状態を創り出すとなると、相当高度な技術が必要だ。1915（大正4）年に組織された神宮造営局には、当時の林学や造園学の最高技術者が集められ、綿密な森づくりの計画が練られた。当初は、樹形が美しく神社林に適したスギ・ヒノキをおもに植栽する予定だった。しかし、スギは湿潤な場所に適した種であり、乾燥した関東ローム層の土壌には向かない。さらに、当時すでに問題視されていたばい煙の害に弱いという問題もあった。造営局の技術陣は、神社林にふさわしい容姿に加え、この地域の土壌や気候に適した種で天然更新が可能であり、大気汚染にも耐えられるクスノキ、シイ・カシ類を中心にすべきだと考え、あくまでスギにこだわった時の総理大臣・大隈重信を説得したという。こうした科学的な根拠に基づく先人の強い信念によって、神宮の森は常緑広葉樹の森とすることが決められたのである。

■「永遠の杜」を目指した植栽計画

72・２ヘクタールにも及ぶ広大な森づくりには大量の樹木が必要であったが、そのほとんどが献木によってまかなわれた。献木は全国各地から10万本近くが集まり、植栽工事は６年の歳月をかけて１９２０（大正９）年までにほぼ完了した。既存木や購入木をあわせて実に３６５種、12万２千本以上の木が植えられたのである。

森の将来像を常緑広葉樹主体に決定したといっても、技術者たちは造成当初からいきなりうっそうとした常緑広葉樹の森を創ろうとしたわけではない。というのも、常緑広葉樹の大木は入手がむずかしく、また多種多様な献木を余すことなく配置する必要があったからだ。そこで、まずはもともとあったアカマツ・クロマツの高木を中心とし、完成後すぐに神社林にふさわしい景観が形成されるようにした。そしてマツ類の下に成長の早いヒノキ・サワラなどの針葉樹、さらに下層に将来の主木となるクスノキ、シイ・カシ類の常緑広葉樹の若木、最下層には灌木類を植栽することで、年月を経るごとに常緑広葉樹の天然林に近いかたちへと、自然淘汰の力で変化していくような遠大な計画が立てられたのである。

『明治神宮御境内林苑計画』（本郷高徳著）によれば、この植栽計画は造営直後から１００年以上もの長期的予測に基づいていたというから驚きに値する。予想図（次ページ）では、数十年後には成長の早いヒノキ・サワラがマツ類に代わって森の最上部を占め、100年前後で暗い林内環境でも育つ常緑広葉樹が優占種になり、さらに数十年で常緑広葉樹の天然林となるとされている。その土地の土壌や気候にあわせ、植物群落が安定した姿に向かって構成種をかえながら移りかわっていく現象を「植生遷移」と呼ぶが、この考え方を森づくりに取り入れたことは、当時としては非常に画期的なことであった。

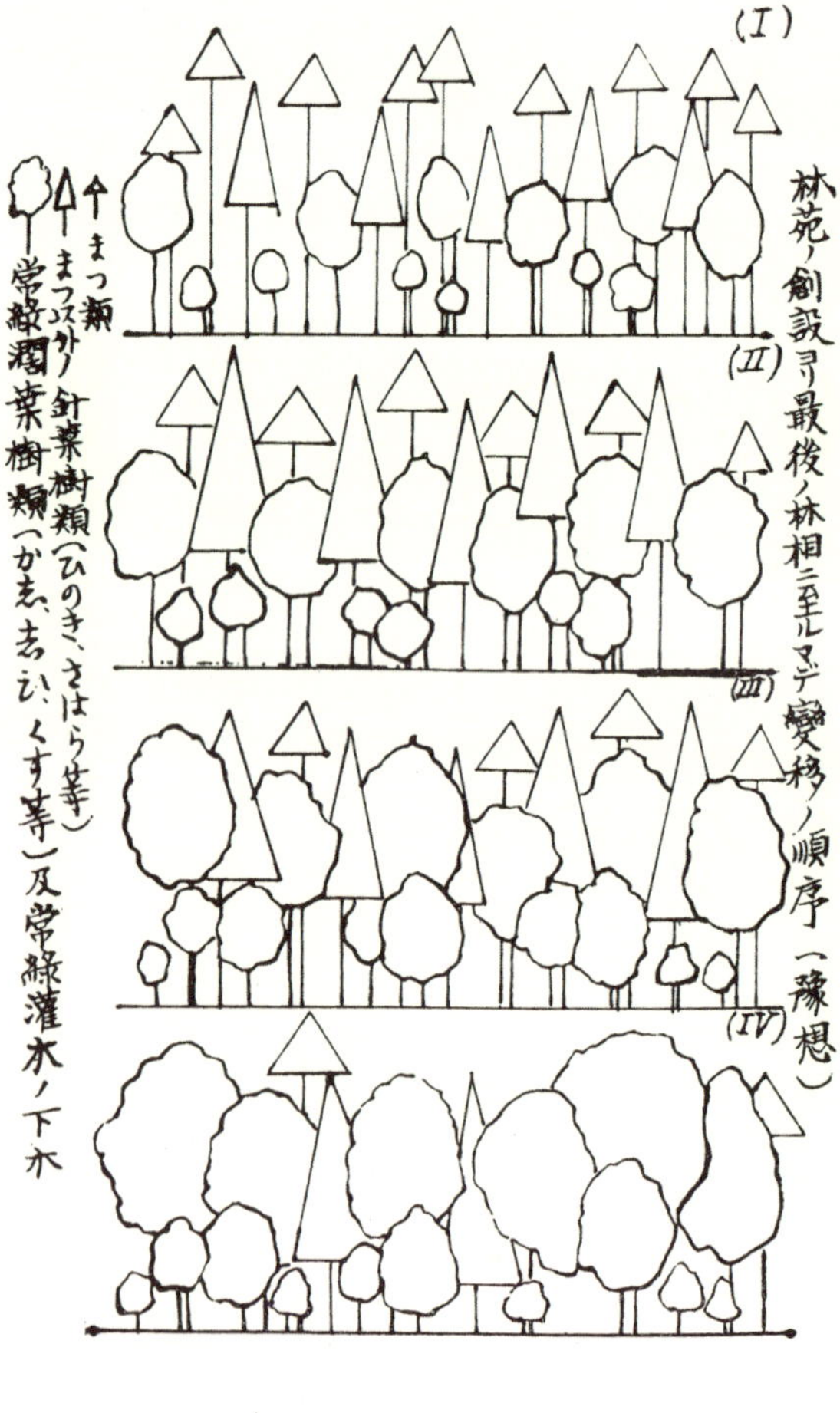

林苑の創設から最後の不変的な林相（常緑広葉樹林を主とした混交林）に至るまでの変移の順序を予想した図

（出典　『明治神宮御境内林苑計画』本郷高徳著）

■森づくりのこれから

造成から80年が経過した現在、すでに自然林と見まごうばかりに成熟した明治神宮の森。先人の予想をはるかに上回る早さで常緑広葉樹が優占する段階に到達したのである。成熟期を迎えた神宮の森は、これから数十年間がもっとも美しく、森として充実した姿を見せることだろう。しかしその後、現在大きく枝を広げている主木が老齢化して枯れた後には、後継樹は順調に育っていくのだろうか。天然更新のメカニズムについてはわかっていない面が多いだけに、今後の変化が注目される。80年前に先人たちの英知を集めて始まった壮大な実験は、まだまだ途中段階なのだ。

近年、造成地の緑化や植林地を天然林に戻す試みなど、「森づくり」は全国さまざまな場所で行われている。また、今後は自然再生事業の一環として、都市にまとまった緑を創り出す事業も進められるだろう。その際、明治神宮の手法をそのままお手本にすればよいというわけではない。明治神宮の森づくりが成功した理由のひとつには、「神社林としての荘厳さを備えた永遠の杜づくり」という明確なコンセプトのもとに目標とする林相を設定し、適切な手法を選択したことにある。それぞれの「森づくり」においても、なにを目的にどんな森の姿を目指すのか、周囲の環境条件を生かしながらどのような手法を選択するのか、科学的な分析を用いて明らかにすることがなによりも重要なことなのだ。

守分紀子

造成後80年を経て、樹木は鳥居を覆わんばかりに成長した

地域づくりの資源としての草原景観
――大分県久住町からの発信

■観光開発の空白地帯だった

近ごろ人気のある国内の観光地といえば、代表格は風情のある温泉郷やテーマパークだろう。九州でもその傾向にあるらしく、「九州・山口の行ってみてよかった観光地調査」［リクルート九州支社・2001（平成13）年実施］によれば、1位黒川温泉、2位湯布院、3位はハウステンボスが選ばれた。そして、次の4位にランクインした観光地が大分県久住高原。九州の屋根と呼ばれるくじゅう連山の南麓に広がる草原地帯である。果ては遠く阿蘇までつづく雄大な草原景観と、放牧地でゆっくりと草をはむ和牛たち。とくに大規模な施設もないが、訪れた人びとはここに大きな魅力を感じているのだ。

「草原景観が保たれているなかに観光施設がぽつぽつとある、それが訪れる人の心をとらえたのでしょう」。久住高原の大半を有する大分県久住町で、地域づくりに携わってきた元久住町理事の山田朝夫さんは、町の魅力をこう語る。山田さんは、実は自治省のキャリア官僚出身。大分県庁に出向していた1992（平成4）年、久住町の「地球にやさしいむらづくり」構想の策定を命じられたのが、町とのかかわりの始まりだった。久住町は

人口5千人弱、人より牛の数が多い畜産中心の町である。はるか昔から連綿とつづいてきた肉用牛の放牧と採草によって、1千ヘクタールという日本でも屈指の広大な野草草原が維持されてきた。しかし当時はまだ道路事情も悪く、町の約半分が国立公園に指定されていることや、草原の多くが共同管理されてきたことなどから、観光開発の手が入らない、いわば空白地帯だったのだ。

■人がいて、牛がいて、草原がある

「地球にやさしいむらづくり」といわれて、山田さんが最初にイメージしたのは「自然保護」。ところが久住では、自然に手をつけずに守る自然保護とはまったくちがう手法が必要と知って驚く。「国立公園に指定された理由は草原景観の美しさ。それを守るためには人を入れてはいけないのかと思ったら、逆にそこで牛を飼わなくては維持できないことがわかった。それで草原は面白いフィールドだと思ったわけです」。

久住高原。くじゅう連山と草原が織りなす景観が美しい

久住の草原の大部分は、20を超える牧野組合がそれぞれ管理している入会地である。所有者は町だが、組合員は共同作業に参加することで放牧・採草地として利用できる決まりだ。そして牧野の共同作業のなかでも重要かつ重労働なのが、「野焼き」である。九州の温暖多雨な気候下では、野草地は手をつけないでいるとたちまち背の高いススキ草原になり、やがて灌木が生えてきて森林化が進んでしまう。毎年春先に火を入れて枯れ草を燃やす「野焼き」により樹木の進出が抑えられ、若草の芽吹きが助けられてその姿が維持されてきた。つまり、久住の草原は人間の手によって維持管理されてきた2次的自然なのであり、草原景観を守るためには、開発をしないだけではなく、牛を飼い、野焼きをつづけていく仕組みをどう維持するかまで考えなければならないのだ。

しかし、当時は草原はあくまで畜産業の生産基盤としてとらえられ、景観保全や貴重な野草の生育地としての価値に結びつけて考える人はほとんどいなかった。過疎や高齢

久住に春を告げる野焼き。草原の維持には欠かせない

化による人手不足から野焼きができなくなる場所が増え、徐々に失われていく久住の草原景観。山田さんの取り組みは、そんな状況に一石を投じることになる。

■野焼きボランティアは久住から始まった

「久住の人たちに、守り受け継いできた草原の価値にもっと気づいてもらいたい」——そんな思いを抱いた山田さんがまず実行に移したのは、草原や野焼きの意義を考える「久住高原野焼きシンポジウム」と「全国野焼きサミット」の開催［いずれも1995（平成7）年3月、久住町にて］、そして野焼き作業へのボランティア受け入れだった。

野焼きのボランティアなど、当時は全国でも前例のない話である。素人には危険だということで、当初地元には根強い反対もあったが、「都市と農村との交流の良いきっかけになる」と辛抱強く口説いて回ったという。こうして手探りで始まった全国初の野焼きボランティアの試み。問題もあったが、年数を重ねるうちにつづけて来る人は習熟してうまくなり、受け入れ側の牧野組合もボランティアの扱いに慣れてきた。野焼きへの参加だけにとどまらない人やモノの行き来が生まれ、都市と農村との交流が深まりを見せ始めたのだ。

そして、野焼きをやめていた場所で復活させるなど、地域全体が前向きの姿勢にかわっていったのは、野焼きボランティアの試みが外部から評価されたことも大きかったという。「自分たちがやっていることや受け継いでいるもの、つまり野焼きの伝統や草原の美しさを外から認めてもらうこと、それが地域の誇りとか愛着になっていく」。

■町の発展のために草原景観を守る

昔ながらの草原景観を生かした観光を進めてきた久住町では、観光客数がこの15年間で年間30万人から230万人へと飛躍的に増加した。草原景観の大切さは地域の人びとにも浸透しつつあり、ある観光施設の経営者は、「背景に草原があるかぎり、観光客はここに魅力を感じてくれる」と話す。町の振興施策のあり方を問う住民意識調査では、「自然景観の保全」という回答が多くを占めた。

山田さんが中心となってとりまとめた久住町総合振興計画では、基本方針の冒頭に「自然環境・景観の保全」が掲げられている。豊かな自然環境とそれに寄り添う文化こそが、個性ある地域づくりの土台になると信じるからだ。「われわれは町の半分を占める国立公園の自然に愛着を抱きつつも『開発の足かせ』だと思ってきましたが、おかげで観光地としての人気を得られた。この自然景観こそが町の最大の地域資源なのです」。環境保全を中心に据えた地域づくりというと、経済面でのマイナスイメージがつきまとうが、久住町では自然環境を資源としてとらえることで、地域の活性化につなげているのである。

しかし、久住町を取り巻く情勢は急速にかわりつつある。草原の維持に不可欠な野焼きは、牛を持たない人には労働のメリットがない。有畜農家が減少している状況で、「入会地を分割しろという意見も出てきている」という。近い将来、草原景観の存続が危機に瀕する可能性もあるのだ。山田さんは、「経営者は時代の流れにあわせて戦略をかえていく。地域づくりもそうあるべき」と語る。この変化の潮流のなかで、どんな仕掛けをもって草原景観の保全を進めていくのか、今後も久住町の取り組みに期待したい。

守分紀子

注　久住町は市町村合併により、2005（平成17）年4月1日に竹田市となった。

久住町の地域づくりに取り組んだ
山田朝夫さん

サンゴ輝く海と地域の再生に向けて
――土佐清水市竜串の模索

■日本初の海中公園地区、竜串

環境省には、全国各地の国立公園や野生生物の保護管理などを担当する出先機関が大小あわせて80カ所ほどあり、北は北海道の稚内から南は沖縄の西表島まで全国に散らばっている。なかでも本省のある東京から時間距離にして一番遠いといわれるのは、高知県土佐清水市にある土佐清水自然保護官事務所だ。年々道路事情が良くなっているとはいえ、最寄りの高知空港まで車でゆうに3時間半はかかる。日本最後の清流として知られる四万十川にも近く、都会から隔絶されているがゆえに恵み豊かな自然が色濃くのこる地域である。

この土佐清水自然保護官事務所が管轄する足摺宇和海国立公園の特色は、なんといっても黒潮が育むサンゴや熱帯魚類の生態系が織りなす海中景観だ。そして、その美しさをだれでも手軽に体験できる場所が土佐清水市の竜串である。竜串湾には1970（昭和45）年に日本で最初に指定された歴史のある海中公園地区があり、テーブルサンゴやソフトコーラルが分布している。また日本最大級といわれるシコロサンゴの大群体にマリンブルーのソラスズメダイが群舞する様子は他では見られない美しさだ。ダイビングやシュノーケルはもちろん、海に入らなくても海中展望塔やグラスボートなどから華麗な海中の世界にふれることができる。陸にあがれば水族館や博物館、海水浴場、キャンプ場などがあり、時間をかけて楽しむことができるのも特徴といえよう。知名度こそ四国最南端の足摺岬には劣るものの、竜串はまさに足摺宇和海国立公園の核となる重要な拠点なのである。

■サンゴを襲った大水害

　ところが、2001（平成13）年9月、土佐清水市一帯は局地的な集中豪雨に襲われた。隣町の大月町では時間最大雨量110ミリ、総雨量にして557ミリを観測。1920（大正9）年以来の記録的な大雨であった。この地域では川が山々のあいだを縫うように流れ

竜串は、四国最南端の足摺岬から車で45分ほど

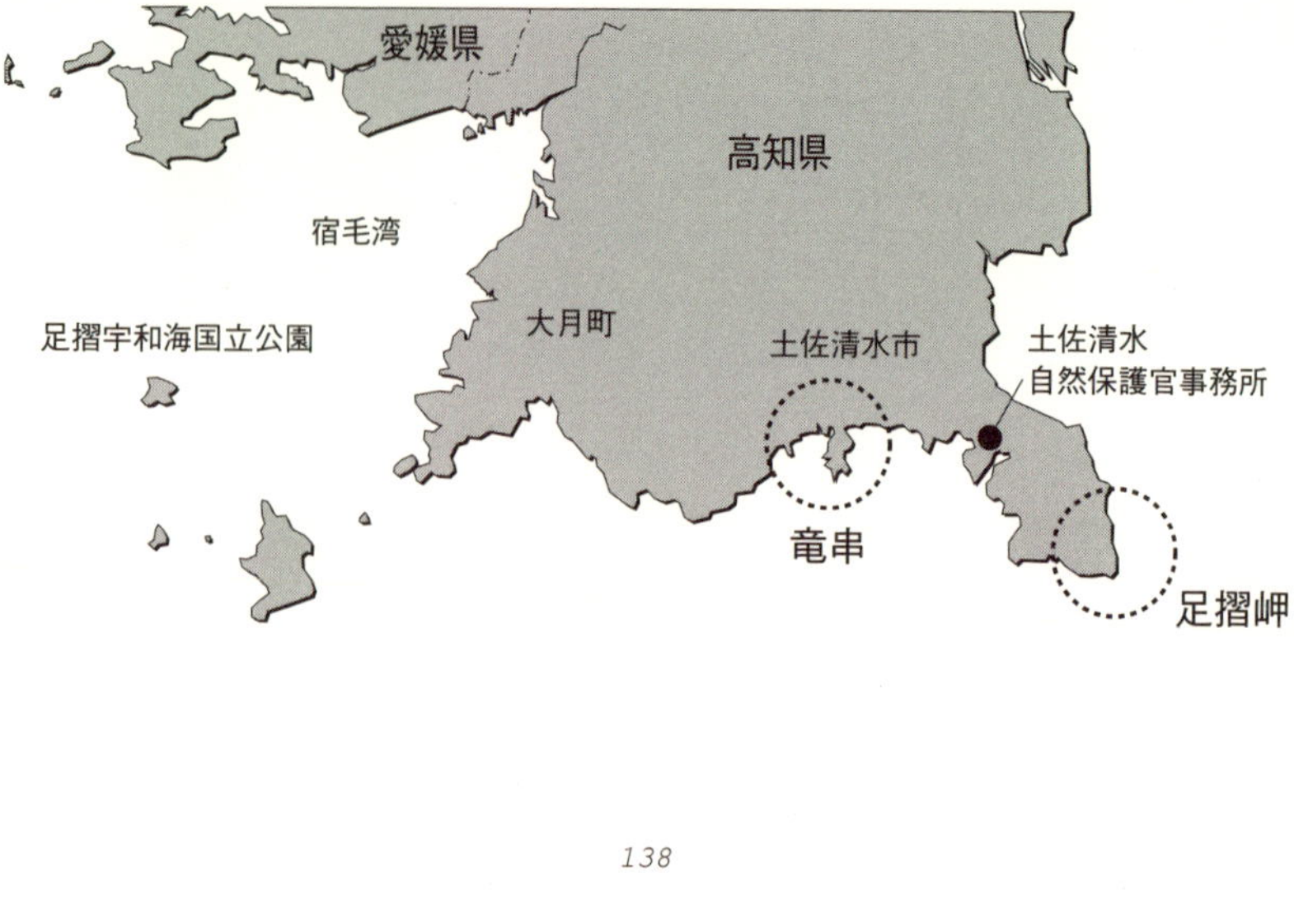

ているため、大量の流水と山腹の崩壊土砂、流木などが狭い場所に集中し、氾濫の引き金となった。川は堤防を越えてあふれ、あっというまに集落や田畑を泥水の海へとかえていったのである。奇跡的に死者は出なかったものの、１千棟を超える家屋が浸水、倒壊などの被害を受ける大水害となってしまった。

集中豪雨は、陸上ばかりでなく海にも影響を与えていた。山の崩壊土砂や田畑の土が大量に流れこんだ竜串湾では、視界がほとんどきかないほどの濁りが生じていたのだ。この濁りは数週間たっても収まらなかったため、地元ではサンゴをはじめとする海中公園地区の生態系への影響を心配する声が高まっていった。そして数カ月後に実施された緊急調査により、衝撃的な事実が判明した。濁りの元となる泥土は、約３００ヘクタールある湾内の広大な範囲に堆積しており、厚いところでは40〜60センチにも及んでいたのだ。また泥土をかぶったために窒息死したり、濁りにより光合成ができなくなって白化したサンゴも数多く発見された。また、岩礁の表面に泥がつくとサンゴの幼生が定着できず、新しいサンゴが育たなくなるという長期的な影響も心配された。竜串の海中公園地区は瀕死の状態にさらされていたのである。

■土砂除去事業でサンゴを救え

数カ月たっても海底にたまった泥土の状況は改善されず、地元ではサンゴの被害対策が

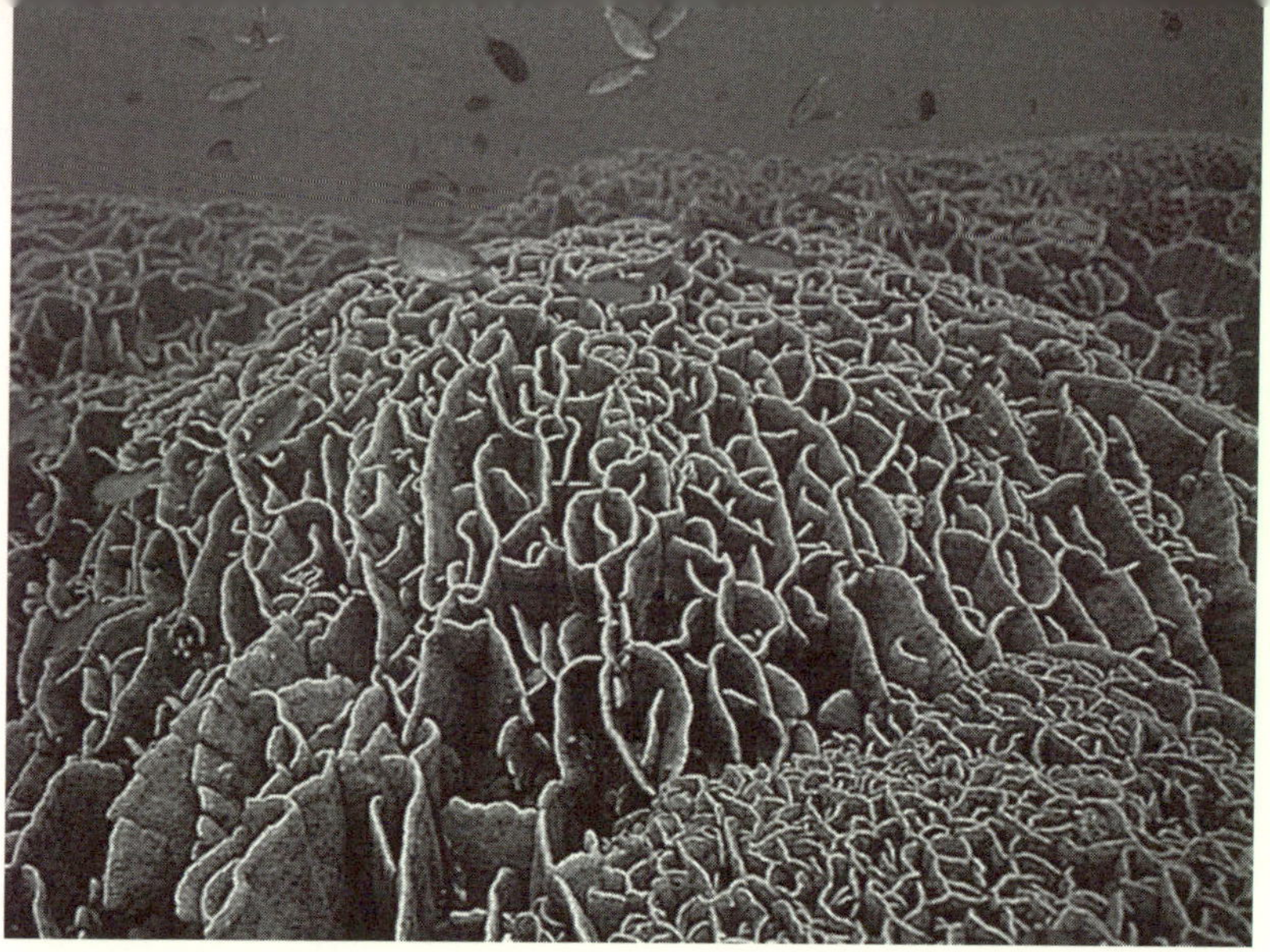
見残し湾（4号地）のシコロサンゴ群落

大きな課題になった。海底に大きな穴を掘って土砂を堆積させて取り除くという案も出されたが、かりに海中公園地区の指定区域（合計約22ヘクタール）だけを考えても、平均厚さ50センチで計算すると、堆積土砂は11万平方メートルにも及ぶ。しかも、海中公園地区内のみを取り除いたとしても周りから移動してくる可能性が高い。結局、竜串に4カ所ある海中公園地区のうち、学術的にも価値の高いシコロサンゴのある4号地を選び、環境省が応急的に土砂の除去を行うことが決まった。この地区は比較的面積が小さく、湾状になっていることから周辺海域からの影響を受けにくいためだ。

　こうして、サンゴの保護を目的とした全国初の土砂除去事業が走り出した。しかし、サンゴへの影響を最小限に抑えながらの除去が技術的に可能かどうかなど、工法の検討は手探り状態だった。採用された工法は、潜水士が操作するホースで海底の泥土を海水とともに吸引し、海上の土砂運搬船に排出するサンドポンプ方式と呼ばれる工法である。施工中も海洋生物学の専門家に随時アドバイスを受けるなどのきめ細かい配慮がなされ、約1カ月の作業の結果、約4千400平方㍍の範囲において約370平方㍍の土砂が取り除かれた。この事業により4号地における濁りはかなり減少し、シコロサンゴの死滅という最悪のシナリオはまぬがれたのである。

その後の詳細な調査により、湾内西部に堆積していた土砂は潮流により移動し、湾内にあるポケット状の地形に集中してたまっている可能性が高いことがわかった。一方で、湾内中部から東部にかけては、広範囲にわたって依然として土砂が堆積したままの状態であり、おそらく堆積土砂による影響は今後長期間つづくだろう。

■サンゴの再生と地域全体の活性化に向けて

竜串におけるサンゴの衰退は、水害以前から問題となっていた。とくにグラスボート観光資源として活用されてきた海中公園地区のテーブルサンゴの衰退が著しく、地元関係者によりサンゴの移植も行われてきたほどである。衰退の原因についてはわかっていないが、流入する中小河川に生活排水が混じっており、水質悪化の影響も疑われている。その一方で、温暖化による海水温の上昇などによってサンゴは四国で全般的にその分布域を広げる傾向にあり、竜串でもサンゴの密度が高い場所が新たにみつかった海域もある。

いずれにしろ、竜串湾はサンゴの生息環境として問題が多いことはまちがいない。豪雨による被害のみに目が行きがちであるが、災害復旧事業として実施されている河床掘削や上流部の森林荒廃による土砂流入、生活排水の流入などの人為的要因も影響を与えている可能性がある。竜串のサンゴの保全を図るためには、陸と海を一体としてとらえ、流域全体で保全に取り組んでいく必要があるだろう。

環境省では、2003（平成15）年度から竜串において失われた自然を取り戻す「自然再生事業」を開始した。サンゴを中心とした竜串の海域環境の再生がメインテーマだが、流域全体の取り組みを通じて地域全体の活性化につながることを目指している。山から海まで、サンゴを取り巻くさまざまな主体が地域の和を創り出していくきっかけになるかどうか、今後の動きが注目される。

守分紀子

4 やっかいものたち

移入種――やっかいものの生物たち

■身近なよそ者

子どものころに興じたザリガニ釣りも、今となっては懐かしい思い出だが、当時は川でよく見かけたザリガニが、まさかアメリカからやってきたものだとは思ってもみなかった。アメリカザリガニは１９２７（昭和２）年ごろ、食用のウシガエルの餌として日本に持ち込まれた。そのウシガエルも北米から持ち込まれた生物である。これら2種はその後、日本のあらゆる小川やため池などで爆発的に増殖し、在来のニホンザリガニやカエル類の生息場所を奪っていった。

わたしたちの身近な環境には、アメリカザリガニのようにたくさんの外国産の生物がいる。セイタカアワダチソウは空き地や道路わき、河原などによく見られ、すでに見慣れた

小笠原（父島）のヤギ：父島でも植生の破壊が進んでいる

光景になってしまった。人間の背丈ほどにも伸び、黄色い花をつけるキク科の多年草だが、本来は北アメリカ原産の植物で、観賞用に持ち込まれたものが広がったと思われる。

こうした他の国から持ち込まれる生物や、国内であってもその生物の移動範囲や移動能力を超えて人為的に別の地域に持ち込まれる生物を、「移入種」あるいは「外来種」と呼んでいる。家畜やペット、園芸、養蜂、農業・産業用など、さまざまな目的で意図的に持ち込まれた種もあれば、土や海水、他の生物などに混入するという形でいつのまにか広がった種もある。日本の食の代表であるお米も、もとは大陸から導入したものである。そしてその際の稲の導入や、国内の稲苗運搬によって広まったと考えられる魚類も、厳密には移入種かもしれない。しかし、それらの種は歴史的に古くから日本に持ち込まれ、生態系のなかになじんでしまった種である。今、問題とされている種は、輸送手段などが格段に発達してからのものを指すのだが、なぜそれほど問題視されるのだろうか。

■生態系のかく乱

移入種の問題点をひと言でいうと、「生態系のかく乱」にほかならない。移入種は、在来の希少種などを捕食したり、在来種と生息地や餌などをめぐって競合し、その結果、在来種を駆逐するなどの影響を及ぼす。こうした直接的な影響だけでなく、近縁種との交雑による遺伝的汚染、採餌行為による植生の破壊などの間接的なものも含め、その影響は広範囲にわたる。移入種は「生物多様性保全」における大きな問題のひとつとなっているのだ。

家畜（食料源）として持ち込まれたヤギは小笠原諸島などで野生化しているが、草本の根まで食べてしまうほどの食性を持つため、固有の植生に大きな影響を及ぼしている。その影響で裸地化し、土壌が浸食・流出し、サンゴ礁に悪影響を及ぼすといったことも無視できない。

ホテイアオイ（熱帯アメリカ原産）やセイタカアワダチソウのように、観賞・園芸用として持ち込まれた植物が繁茂し、在来種を圧迫している。牧草、工事跡の法面（山などを削った後の斜面部分）の緑化に広く使われるシナダレスズメガヤ（別名ウィーピング・ラブグラス、南アフリカ原産）は、河原などの生態系で繁茂しており、そのため河川はんらん原の遷移パターンをかえてしまい、ついには河原固有の植物を衰退させると危惧されている。

トマトなどの栽培用授粉昆虫として持ち込まれたセイヨウオオマルハナバチ（ヨーロッ

ブラックバス（オオクチバス）：体長30～50㌢にもなる淡水魚
引きが強く、釣り人には人気がある

パ原産）は、マルハナバチのなかでも競争力がきわめて強く、在来種との競合や盗蜜による野生植物への影響、ダニなどの病原微生物の持ち込みなど、さまざまな生態系への影響が危惧されている。

スポーツフィッシングという人間の趣味のために意図的に湖沼や池に放されたブラックバス（オオクチバスとコクチバスの2種、北米原産）は、旺盛な食欲で他の魚や水生昆虫を食べ尽くし、琵琶湖のアユなどのように深刻な漁業被害をもたらしたり、生態系へ大きな影響を与えている。

アライグマ（北米原産）やカミツキガメ（アメリカ大陸原産）は、ペットとしてかわいがられていたものが野生化し、各地で増殖している。アライグマは農作物や乳牛への被害（乳首をかじる）をもたらしたり、カミツキガメは子どもの指を食いちぎるなど、生態系のみならず人間への被害も指摘されている。

目に見える影響のほかに、飼育されていたタイワンザル（台湾産）が野生化し、日本固有のニホンザルと交雑することで種の固有性が失われる危険性があるなど、遺伝子レベルでの影響も見逃せない。そして、こうした移入種が間接的に持ち込む寄生虫や病原体が人間の健康に影響を及ぼす恐れもある。

マングース：体長は20～65㌢ほど　長い胴体と長い尾、短い脚が特徴で、イタチに似ている

■追いつかない対応

ハブの駆除を目的に、沖縄本島［1910（明治43）年］と奄美大島［1979（昭和54）年ごろ］でマングース（ジャワマングース、東南アジア・インド原産）が放された。しかしマングースは捕食の目的を果たさぬまま増加した。奄美大島ではハブを捕食するどころか、アマミノクロウサギ、アカヒゲ、ケナガネズミなど、島特有の多くの希少種を捕食し、絶滅の危機を増大させている。そのため環境省は、1996（平成8）年から調査を開始した。マングースの生息数は、5千~1万頭前後と推定され、現在、地元自治体や住民、専門家と、撲滅に向けた駆除事業を実施中である。

ノヤギの影響が著しかった小笠原諸島でも、東京都によって駆除が行われ、1999（平成11）年には媒《なこうど》島、嫁島、聟《むこ》島などで完全排除し、その後も兄島、父島で駆除作業が継続されている。

このように移入種に対する対処療法的対策は、ようやく重い腰をあげたところである。そして、2004（平成16）年6月に「特定外来生物による生態系に係る被害の防止に関する法律」（通称　外来生物法）が公布された。しかし、自然のなかに広まってしまった〝特定の生物のみの駆除〟はなかなか思うように進まないのが現状だ。

「移入種」が問題であるという指摘は、ごく最近になってからのことだ。飛行機などによって、移動・輸出入手段が格段に進歩した現代では、移入種ものすごい勢いで入ってくる。農業用、ペット用など、あまりの数の多さに管理しきれない状況や、間接的な移入で発見ができないまま広がってしまうといった事実がその背景にある。また、飼いきれなくなったペットを野外に放したり、ブラックバスなどの外来種を特定の趣味のために故意に湖などに放したりする一般市民の認識不足も問題に拍車をかけている。

移入種問題には、①移入の予防、②影響の早期発見と早期対応、③定着した移入種の駆除・管理といった3段階での対策が必要である。現段階では、外来生物法が公布され、やっと法規制の準備が整ったという状態である。移入種は、国内に入ってきてから対処療法的に駆除を行うよりも予防を行う方がはるかに効率的である。今後、法律に基づく水際（検疫など）での防止を行うことが必要だろう。その場合、輸入時などに多種多様な生物を的確に見分けられる専門家が必要となるだろう。また、既に広まった移入種に対しては、生態系への影響を調査し、駆除などの対策を地道に行っていくしかない。

移入種問題は、新生物多様性国家戦略の主要な施策のひとつであり、今後の対応に期待したい。

池田和子

5 いきものを調べる

自然を調査する

『純粋自然2割だけ！　〜列島破壊浮き彫り〜』。１９７５（昭和50）年１月６日の新聞記事である。１９７１（昭和46）年に発足した環境庁（当時）が始めた「自然環境保全基礎調査」（通称　緑の国勢調査）の最初の報告がなされたときの報道だ。自然を破壊しながら経済発展をつづけてきた当時の日本に警鐘を鳴らす記事であった。

緑の国勢調査は約５年に１回のペースで行われている。植物、動物、地形地質、野生生物のすみかとして重要な湖沼、河川、湿地、海岸など国土すべてをカバーする調査である。これまで30年間継続しており、これだけのデータを蓄積した調査は他国にも例をみない。

■植生自然度で日本がわかる

とくに植生の調査は１９７３（昭和48）年の第１回の調査から継続して行われてきており、国土全体の状況を知るうえで基本となる。まず森林や草原など、ある区域に集まって生育している植物を分類して「現存植生図」をつくる。これを基に、１～10の数字で表される「植生自然度」に読み替える。植生自然度とは、人為による影響度合いに応じて10ランクに区分したもので、たとえば人手がほとんど入ったことがない、自然が豊かにのこされている自然草原や自然林は自然度10や９、人の手が加わった雑木林などの二次林は自然度７、水田などは自然度２、もっとも開発を受けた市街地は自然度１として表している（下図）。先に述べた記事の「純粋自然２割」とは、この植生自然度の10と９をあわせた面積

植生自然度の割合（%）

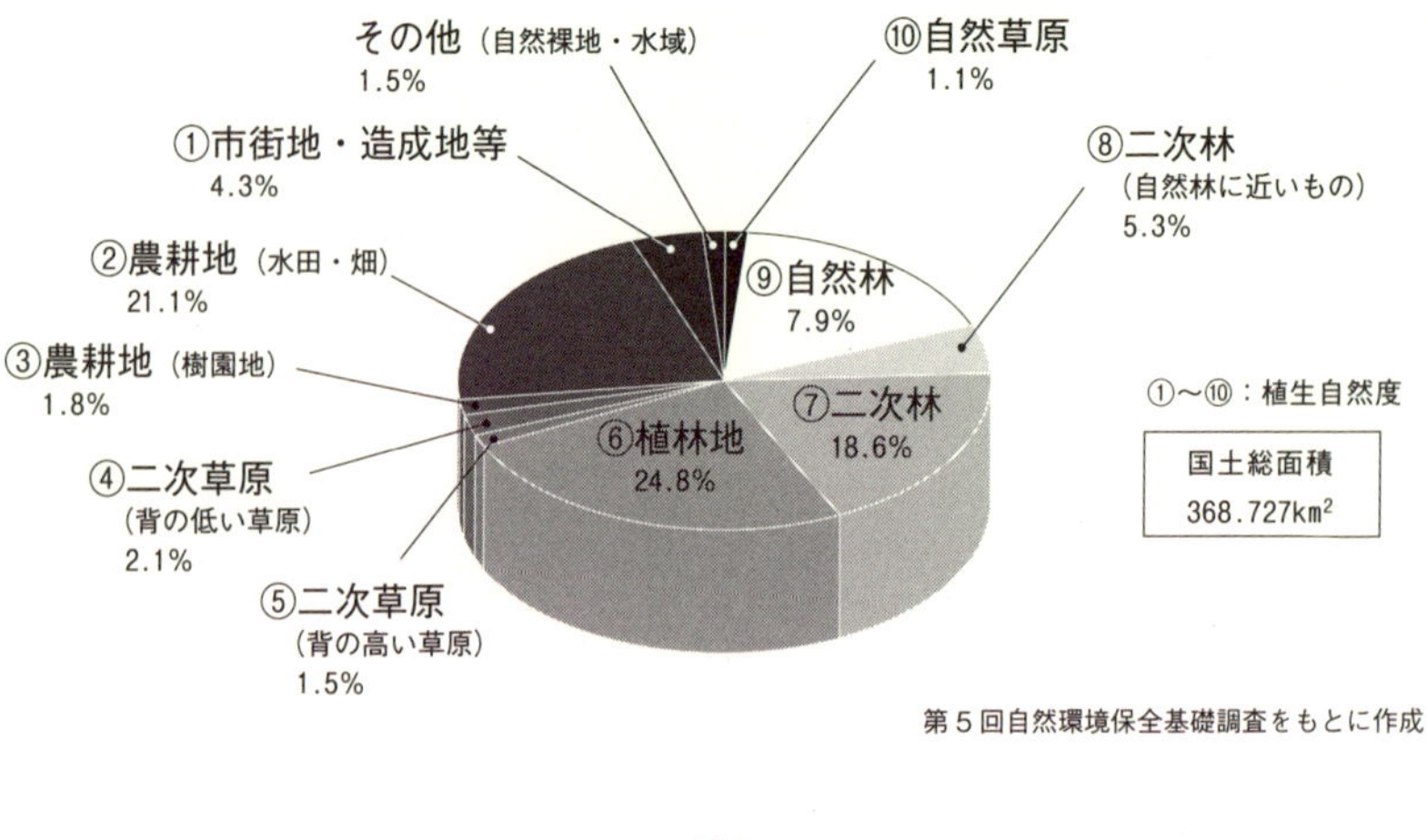

第５回自然環境保全基礎調査をもとに作成

（メッシュ数）のことだ。

日本は緑豊かな国だといわれているが、戦中戦後、高度経済成長期に猛烈な勢いで開発が行われてきた。その影響で、たとえば自然林は第1回の調査から比べると3・8％減少した。たった3・8％と思われるかもしれないが、これは、東京ドーム約2千500個分（東京ドームは約4・7ヘクタール）ほどの面積に匹敵する。

一方で、増えつづけているのが市街地と植林地である。市街地だけでも1・2％、東京ドームの約1千個分増加した。植林地は3・9％増えた。植林地はたしかに緑ではあるが、スギやヒノキといった同じ種類の樹木が単一に植えられ、生物のすみかとしてはあまり豊かな環境とはいえない。植林地への転換は、明らかに生物の多様性を減少させる一因となっている。

このように日本の国土全体を植生自然度という尺度で経年的に見ていくことで、生態系の基礎ともいえる植生がいかに変化してきたのかがわかってくる。近年では、地上の緑の状況を人工衛星などのリモートセンシング技術を使って把握する方法も開発されており、これまでの調査手法とあわせて、より精度の高い調査への期待が寄せられている。

■生き物たちはどこにいる？

環境庁（当時）は植生調査と同時に、絶滅のおそれのある野生生物を洗い出すなど、野生

ナガサキアゲハの北上図　（第３回調査の結果による）

ナガサキアゲハ

羽を開くと90～110ミリの比較的大型の蝶。幼虫はミカン科の植物を好んで食べ、４～10月に羽化。東南アジアに広く分布する。日本のものは東南アジアのものと比べて尾（尾上突起）が無い。オスは羽の付け根や下羽の外側に赤い斑紋があるだけで全体的に真っ黒。メスは下の羽に白い斑点があってオスと姿が異なる。

生物の保護政策を進めるために必要となる「動植物分布調査」も行ってきた。サルやクマといった大型ほ乳類から、トノサマガエルやノコギリクワガタといった身近な生き物まで、彼らがどこに住んでいるのか、情報を集めて整理し分布図をつくる。こうした調査は野外に足を運んで行うのが基本であり、きわめて多くのマンパワーが必要となる。そのため環境省は全国の専門家、地方自治体、調査会社、ボランティアなど、数千人と力をあわせて取り組んでいる。

このようにしてできた植生図や動物の分布図を数値情報にして地図上で重ねあわせる

ことが可能になり、国立公園区域や土壌情報、地形情報などと重ねあわせた分析（これをGIS と呼ぶ）が行われている。たとえばダムやゴルフ場などの開発をする際に、その地域の基本的地形情報などとともに、「この地域の森には希少な生物が住んでいるから開発には問題がある」などといった評価（環境アセスメント）を行う重要な手段のひとつとなってきたのである。

また、生物の過去の分布と現在の分布を比較することによって、その生物の分布の拡大、生息数の増減といった傾向もつかむことができる。たとえば、昭和50年代には大幅な減少が危惧され、地域的に絶滅してしまうのではないかと案じられていたシカは、現在爆発的に増え、従来いなかった地域へと分布を拡大している。また、本来東南アジアなどの暖かいところ（日本では九州が中心）に生息するナガサキアゲハは、分布域を次第に北（東）に広げており、日本列島が次第に温暖化しているのではないかというバックデータになっている（右図）。

■人間が消滅させた自然

生物の情報だけでなく、自然が人の手によってどれくらい変化してしまったかということも調べられている。

たとえば、日本の自然海岸は１９７８（昭和53）～１９９３（平成５）年までになんと約860キロが人工海岸になるなどして失われてしまった。新幹線の東京〜広島間ほどの自然海岸がなくなったことになる。サンゴ礁も1千511ヘクタールが消滅してしまった。干潟も3千857ヘクタールが消失し［1978（昭和53）年の調査から7%が消失］、戦前と比べると40%以上失われたといわれている。干潟・海岸などの開発は近年たしかに下火になってきた。しかし、下火になったとはいえ、諫早湾干拓のような大規模なものも含め、開発はまだつづいており、のこされた海岸や干潟の保全は自然環境保全の重要なテーマである。

■データの活用

一番大事なことは、こうしたデータをどう使い、どう役立てていくかということである。そのひとつは当然、環境保全の政策や計画策定に有効に使用することであろう。まず現在の自然環境の状況を客観的にとらえ、時間とともにどんな変化が起こっているのかを追跡して「なにが問題なのか」「どんな手を打つ必要があるのか」を知る必要がある。30年もの長期調査の結果の積み重ねを経て、今やっとこれまでのデータを有効に活用できる時期が来ている。新・生物多様性国家戦略［2002（平成14）年度策定］にあたっても、この緑の国勢調査のデータは有効に活用されることとなった。

ふたつ目は、この緑の国勢調査のデータが、環境アセスメントなどの開発計画における客観的データとなりうることである。国土計画やダム計画、埋め立て計画などさまざまな開発計画のアセスメントに緑の国勢調査のデータが使用され、きちんとした環境の評価が行われることが重要だ。ここでのポイントは、開発を行う業者だけにではなく、一般市民へもデータが広く公開され、だれもが同じ情報を共有することだ。このため近年、緑の国勢調査の電子データをインターネットを通じてだれもが利用できる仕組みができあがりつつある。

３つ目は、こうしたデータがその他の研究（希少種が集中している地域の洗い出しや気象状況・温暖化の影響の研究など）に生かされること。そしてなにより、調査に自ら参加したり、調査結果を知ることによって、一般の人が身の回りの自然環境についての知識を習得し、地域の幅広い合意形成につなげていくことである。

池田和子

生物多様性と環境アセスメント

■オオタカの営巣が契機に

ある開発事業の計画によって、日本でもっとも有名になった里山がある。みなさんも1度はその名を耳にしたことがあるにちがいない。名古屋市中心部から西に約20キロ、愛知県瀬戸市南東部に広がる通称「海上《かいしょ》の森」である。

瀬戸市は古くは中世にさかのぼる陶磁器の町。海上《かいしょ》の森は、戦前まで焼き窯の燃料供給の場として利用されていたとされるが、現在では人手の入らない里山となっている。ここを、2005（平成17）年日本国際博覧会（愛知万博）の会場とする構想が発表されたのは、1994（平成6）年のことであった。

ところが、海上《かいしょ》の森には、伊勢湾周辺にのみ分布する氷河期の遺存種シデコブシや湿地に特徴的なハッチョウトンボなど、希少な動植物が見られる場所がある。そのため、海上《かいしょ》の森のなかでも、この地域を避けた施設計画が立てられた。しかし、ギフチョウやサギソウ、ムササビなどのすみかである里山の環境への影響や、跡地利用に対する懸念から反対運動が盛りあがったそのさなか、絶滅危惧種オオタカの営巣が会場予定地近くで見つかっ

海上《かいしょ》の森　屋戸川の湿地

たのである。これがきっかけとなって、会場の一部を海上《かいしょ》の森から近隣の愛知青少年公園に移すよう計画が変更された。その後、学識経験者やNGOで組織された検討会の議論によって、最終的には会場のほとんどを青少年公園内に移すこととなった。当初の計画では540ヘクタールだった海上《かいしょ》の森の改変面積は、なんと19ヘクタールにまで縮小されたのである。

■開発事業と環境アセスメント

生物多様性とそれをとりまく自然環境は、われわれの生活の基盤であり、資源をもたらす源でもある。一方、人間が活動し、豊かさと利便性を追求していくなかで、自然環境への影響が増大しつつあるというジレンマがある。

その解決策のひとつは、愛知万博の会場計画のように、必要とされる機能を考慮しながらも、いろいろな検討や工夫によって環境への影響を回避したり、少なくしたりすることだ。たとえば道路を建設する場合であれば、猛きん類が営巣する山を避けるようにルートを変更したり、ルート変更が困難であっても山を開削する工法の代わりにトンネル構造にしたりということが考えられる。影響が致命的に大きいことが予測される場合は、事業自体の見直しも検討されることになる。

なにごともいったん決まってからの変更はむずかしい。とくに環境に大きな影響を与える大規模な開発事業を行うにあたっては、安全性や経済性だけでなく、環境保全についてもあらかじめよく検討し、対策を事業計画に盛りこむことが重要になってくる。このような考え方から生まれたのが「環境アセスメント」である。

環境アセスメント制度では、まず事業者自らが予定地周辺の環境をよく調査する。そして、事業計画が環境にどのような影響を与えるのかについて予測し、計画どおり事業を進めて問題ないのか、どのような保全対策が必要なのかなどを評価する。結果については公表し、一般市民、地方公共団体など外部の意見を広く聴くことによって、よりよい環境配慮を計画に組みこんでいく仕組みになっているのである（左図）。

■生態系への影響を評価する

日本で環境アセスメント制度が法制化されたのは、実は意外と最近［1997（平成9）年］だ。かなり以前から検討されていたにもかかわらず、法制化が遅れたのは、やはり開発部局や産業界の反発によるところが大きい。そのため、法制定までは、政府の統一ルールに基づくアセスメント（閣議アセス）や個別事業法に基づくアセスメントが行われていた。

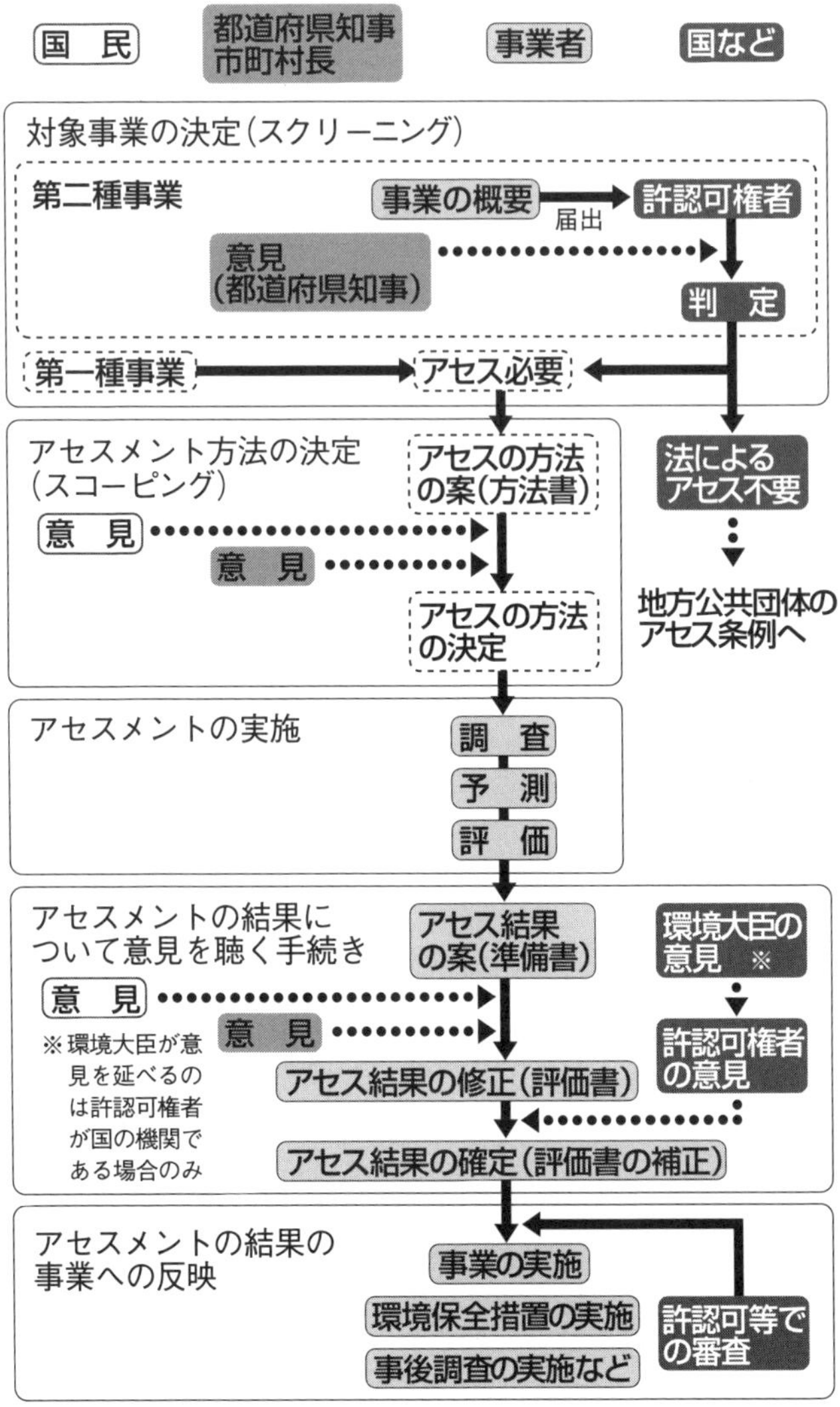
国　民
都道府県知事
市町村長
事業者
国など
対象事業の決定（スクリーニング）
第二種事業
事業の概要
届出
許認可権者
意見
（都道府県知事）
判　定
第一種事業
アセス必要
法による
アセス不要
地方公共団体の
アセス条例へ
アセスメント方法の決定
（スコーピング）
アセスの方法
の案（方法書）
意　見
意　見
アセスの方法
の決定
アセスメントの実施
調　査
予　測
評　価
アセスメントの結果に
ついて意見を聴く手続き
アセス結果
の案（準備書）
環境大臣の
意見　※
意　見
意　見
許認可権者
の意見
※環境大臣が意
見を延べるの
は許認可権者
が国の機関で
ある場合のみ
アセス結果の修正（評価書）
アセス結果の確定（評価書の補正）
アセスメントの結果の
事業への反映
事業の実施
環境保全措置の実施
事後調査の実施など
許認可等で
の審査

環境アセスメントの手続きの流れ

その後、ようやく環境影響評価法（環境アセスメント法）が制定された時期は、1993（平成5）年に発効した「生物多様性条約」を受けて「生物多様性国家戦略」が策定され［1995（平成7）年］、生物多様性の保全への認識が高まってきたころでもあった。それまでの閣議アセスでは、希少な動植物種や自然保護地域など、いわゆるすぐれた自然環境の保全に重点がおかれていた。しかし、いまや絶滅危惧種の集中する地域の約半分は、身近な自然である里地里山だということがわかってきた。またそれらの種もけっして単独で生活しているわけではない。たとえば、里山に営巣する猛きん類サシバはカエル類をおもなえさとしている。工事の影響があるからといってサシバが営巣する樹林のみを保全しても、カエル類が生息する水田をあわせて保全しなければ、サシバの生息環境を守ったことにはならないのである。

環境アセスメントにおいても、希少でない種を含めた多様な生き物のかかわりがまるごと保全されることが重要であり、身近な自然を含む生態系のさまざまな構造や機能を把握し、生態系全体への影響を予測・評価するべきだという考え方が出てきた。

こうしたことを背景に、法に基づくアセスメントでは、新しく対象項目として「生態系」の項目が設けられたのである。しかし、ひと口に生態系の構造や機能といっても非常に複雑で、それらをすべて洗い出し、影響を予測・評価するのはむずかしい。そこで手法のひとつとして、生態系の特徴を表す生物種をいくつか選び、これらに対する影響を予測・評価することにより、生態系全体への影響評価につなげるという方法がとられている。

■よりよい環境配慮に向けて

2004（平成16）年3月現在、法に基づいて環境アセスメントの手つづきを開始した事業は90件以上にのぼり、しだいに事例も蓄積されてきたが、同時にさまざまな課題も見えてきている。

2002（平成14）年に策定された「新・生物多様性国家戦略」は、人間と自然がバランスよく暮らしていくためのトータルプランであるが、環境アセスメントは、その理念と目標を実現するための効果的な手段のひとつである。このツールを有効に機能させていくためには、客観的で定量的な予測・評価手法の確立や環境保全措置の手法の向上など、技術的な課題の解決もさることながら、環境アセスメントが地域の合意形成の手段として理解され、活用されることが重要である。

しかし現状では、事業者が調査・予測・評価の方法や結果をまとめて作成する方法書・準備書などの内容が画一的だったり、市民への情報提供が一方的で不親切だったりする事例が少なからず見られる。一方、市民からの意見提出がまったくない事例も多く、せっかくの意見反映の機会が生かされていない傾向があることも事実だ。

よりよい環境アセスメントの実施のためには、事業者と市民をはじめとする多様な関係者とのコミュニケーションの改善が今後の課題となっている。事業者が積極的に地域の関係者と情報を共有し、地域の合意形成を図っていくことが、ひいては多様な生態系を保全することにつながっていくのである。

守分紀子

6　自然と人、その関係

新・生物多様性国家戦略とパブリックコメント

２００２（平成14）年３月、地球環境保全に関する関係閣僚会議で新しい「生物多様性国家戦略」が策定された（詳細は２６７ジペー参照）。新・生物多様性国家戦略は「自然と共生する社会」を実現していくための政府が定めたトータルプランであり、今後、各省はこの国家戦略をもとに、森林、河川、海岸などに対する各施策を進めていくことになる。

この戦略をつくるに当たっては、たくさんの方との意見交換や議論を行い、さらにパブリックコメントでの意見を採り入れた。国民参加でつくりあげたトータルプランということもできるだろう。その過程や国家戦略へのパブリックコメントの意見について少し報告したい。

■開かれたプロセス

新・生物多様性国家戦略の改定作業は、開かれたプロセスのなかで進められた。２００１（平成13）年３～８月までは国家戦略の改定に向けた勉強を行うため、専門家から成る懇談会を計６回開催し、また、２００１（平成13）年10月～２００２（平成14）年３月までは、のべ11回に及ぶ中央環境審議会（自然環境・野生生物合同部会）の審議が行われた。これらはすべて公開とされ、ＮＧＯや一般の方にも毎回多数傍聴に来ていただいた。また、会議資料、議事速報は即日インターネットで公開するようにした。

さらに、これらの会議においてＮＧＯなどから意見を聴く機会を設け、審議に役立てたほか、逆にＮＧＯ、学会などが主催する勉強会、シンポジウムなどに事務局である環境省が参加し、意見交換を行うこともあった。

こうしたプロセスでの意見をもとに、生物多様性国家戦略の具体案が固まり、広く国民の意見を聴いて政策決定に反映していくパブリックコメントを実施した。パブリックコメントの意見件数は約９６０人（団体）。その意見数はのべ１千８００件ほどで、パブリックコメント以前からの意見約２３０件とあわせると、約２千件以上にも及んだ。そして、これらの意見をもとに、およそ３００カ所以上の修文が行われ、新・生物多様性国家戦略が決定されるに至った。

■パブリックコメント

パブリックコメントの意見をテーマ別にまとめると、野生鳥獣の保護管理（73件）、化学物質の野生生物への影響（65件）、種の保存・保全の強化（51件）、調査研究のあり方（39件）、国際的な取り組み（35件）、里地里山の保全（35件）、環境教育・人材育成（27件）などとなっている。その他個別に、漁業・漁港への意見、森林・林業、農地、都市、河川などの具体的施策についての意見も多数寄せられた。

野生生物の保護や開発の危機など、これまで問題になってきた分野だけでなく、適度な人為的かく乱（伝統的農業活動）がなくなったことで荒廃しつつある里地里山の問題についても関心が高く、対策を望む声が多かった。原生的な自然保護のみでなく、身近な自然への配慮を意識して保護活動を行うようになったのはここ最近の傾向である。

また、農薬などの化学物質と生物・生態系への影響についても多くの意見が寄せられた。業界団体やメーカー担当者からは農薬の毒性は小さく、問題ないとする意見、一方、NGOや市民団体からは重要な問題であり、積極的に対策を講じるべきだとする意見にほぼ二分された。

■ブラックバスへの関心

しかし、寄せられた意見のなかで飛び抜けて多かったのは移入種に関する意見（約1千件）で、とくにブラックバスなどの外来魚の取り扱いに関する意見がほとんど（約950件）だった。そのなかには「生態系の保全のためにブラックバスの駆除に賛成する」というものも40件ほどあったが、ほとんどは「ブラックバスを殺さないでほしい」あるいは「棲み分けのような形でブラックバスの釣り場を確保してほしい」「大事な趣味を奪わないでほしい」という感情的な意見を含んだものであった。

意見のなかには、「アメリカで許可されているバス釣りがなぜ日本ではできないのか」「放置しておいてもブラックバスは日本の生態系にいずれなじむ」などという基本的知識を欠いたものもあった。ブラックバスはアメリカ産の魚であり、たしかにアメリカではバス釣りは広く楽しまれている。しかし、ブラックバスのような肉食で非常に大型になる魚が日本の脆弱な河川生態系に入り込むと、在来の魚を捕食してしまい、生態系全体のバランスが崩れる恐れが指摘されている。

その他にも「絶滅などが問題になっているのは、人間の開発、河川・湖沼環境の改変によるものが大きく、ブラックバスだけにその責任を押しつけるのは問題のすり替えになる」という意見も多数いただいた。

2004（平成16）年6月に外来生物法（特定外来生物による生態系に係る被害の防止に関する法律）が公布され、ブラックバスを含めた移入種の規制について審議が行われている。ブラックバス（オオクチバス）を特定外来生物として選定するにあたっては大きな

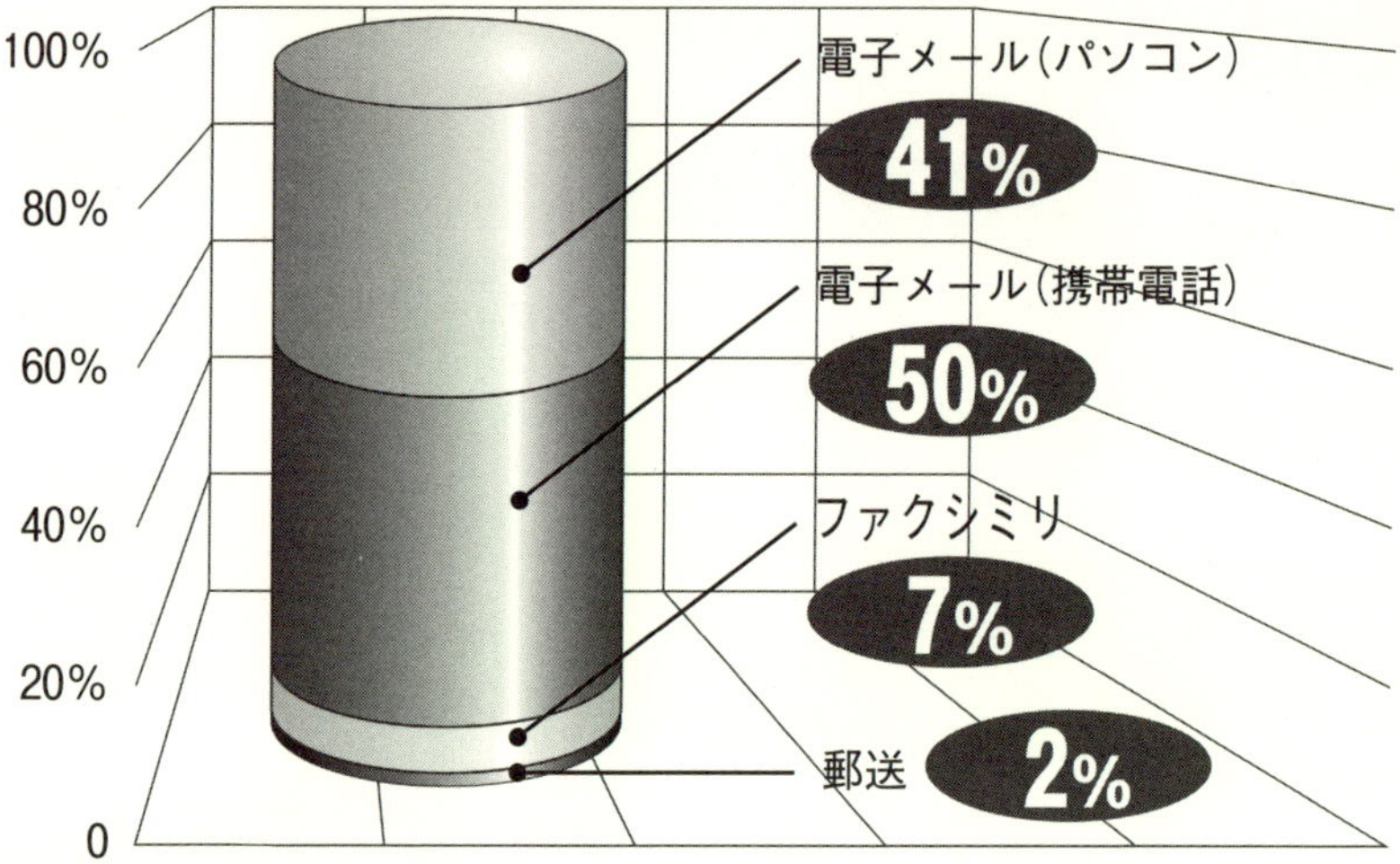

意見提出者（個人）の年齢構成

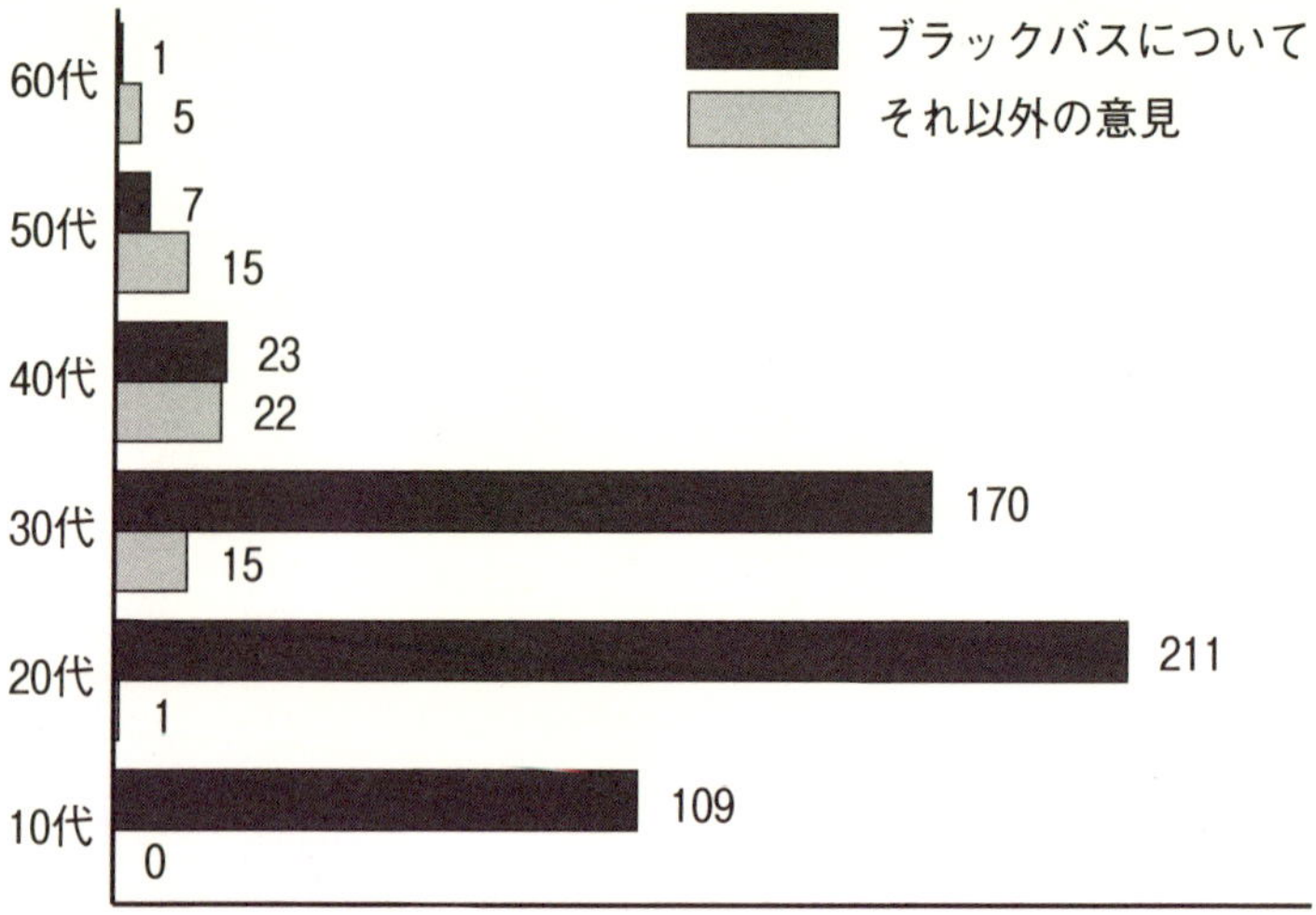

パブリックコメントの提出方法

世論の反応を招いた。２００５（平成17）年2月から3月にかけて行われたパブリックコメントでは、なんと約10万通もの意見がよせられたのである。自然保護のための最善策と世論のコンセンサスとの間のギャップはかなり大きい。今後も調査研究を重ね、具体的施策を確実に展開していく必要があるだろう。

■IT世代と生物多様性

意見の提出方法は9割が電子メールによるもので、とりわけ全体の半分は携帯電話メールから送られてきたブラックバスの駆除に反対するものだった。行政で行うパブリックコメントでこれだけ多数の携帯電話メールが届いたのははじめてのことと思われる（右図上）。

さらに、パブリックコメント提出者の年齢層が、ブラックバス駆除反対の意見とそれ以外の一般の意見とでは右図（下）のように明らかに異なるパターンを示していることがわかり、非常に興味深い。この結果は、バス釣りなどのレジャーを楽しむ若い世代が、同時に携帯電話メールのようなIT機器に親しんでいることを表している（携帯電話メールによる意見提出の99％がブラックバスに関するもの）。

さらに10代、20代の意見提出者は1人を除いてすべてブラックバスに関する意見であった。意見の傾向として、これら若年層は、バス釣りを楽しむためのブラックバス駆除の是非については高い関心があるものの、生態系や生物多様性保全といったことへの理念や知識の普及が十分に進んでいないことを実感させられた。

■多様な意見の重要性

前述のように電子メールでの意見が9割を占めたということは象徴的なことである。総務省（情報通信白書2004）によれば、世帯における情報通信機器の保有率は、2003（平成15）年末で、携帯電話が93・9％（契約数は8千152万件、対前年比7・8ポイント増）、うちインターネット対応型携帯電話が56・5％（同8・8ポイント増）となった。また、パソコンの世帯保有率は78・2％（対前年比6・5ポイント増）となっており、年々その数は増加傾向を示している。今後の政策展開もこうした情報の伝達、意見の収集をいかにうまく行い、より多くの、多様な意見をいかに吸収していくかが大事なカギとなるだろう。一方、インターネットを活用したパブリックコメントの方法について、インターネットを利用できない人びとへの配慮不足の問題や、地方での説明会を行うべきといった問題点も指摘されており、今後の課題と考えられる。

池田和子

『センス・オブ・ワンダー』
――レイチェル・カーソン　最後のメッセージ

■レイチェル・カーソンの遺作

「『沈黙の春』の著者　最後のメッセージ」という帯と美しい写真が目にとまり、めずらしくハードカバーの書物を買った。『沈黙の春』を著したレイチェル・カーソンの遺作ともいえる『センス・オブ・ワンダー』［上遠恵子訳、新潮社、1996（平成8）年］である。

21世紀は「環境の世紀」と言われるが、それまで自然破壊や環境汚染の道を進んできた人びとの目が環境問題に向き始めたのは、1960〜1970年代あたりからである。そのきっかけのひとつが、農薬など化学物質汚染の危険性に警鐘を鳴らした『沈黙の春』［1962（昭和37）］であった。『沈黙の春』は、アメリカで発売と同時に大きな反響を呼んだ。そして、市民による環境保護運動のうねりは、全米的な環境保護デモ「アース・デイ」［1970（昭和45）］を経て、人類初の地球環境問題に関する国際会議、ストックホルム国連人間環境会議［1972（昭和47）］の開催へとつながっていったのである。

レイチェル・カーソンは、『沈黙の春』が出版された2年後にこの世を去ったが、亡くなる直前まであたためていた遺稿をまとめたものがこの『センス・オブ・ワンダー』

［1965（昭和40）］である。人間活動と自然環境の関係について深い洞察力を持ち、人類と地球の未来にいち早く警告を発したレイチェルが、最後に世界に伝えたかったことはなんだったのだろうか。

■五感で自然を感じる

海洋生物学者だったレイチェルは、こよなく海を愛した。彼女が毎年夏を過ごしたアメリカ北西部メイン州の海辺にある別荘は、今でも在りし日のたたずまいをのこしているという。『センス・オブ・ワンダー』は、幼い甥ロジャーと別荘周辺の海や森を探検し、さまざまな驚きや感動を共有した日々をつづっている。そして、動植物の名前を覚えるなど自然を「知る」ことよりも、自然を「感じる」ことが大事なのであり、「感じる」ことによってはぐくまれる感性が、やがてはより深い知識の土壌になっていくと語られている。

『子どもたちがであう事実のひとつひとつが、やがて知識や知恵を生みだす種子だとしたら、さまざまな情緒やゆたかな感受性は、この種子をはぐくむ肥沃な土壌です』（『センス・オブ・ワンダー』より引用、以下、斜体同）。

わたしたちは、感覚として五感、すなわち視覚、聴覚、嗅覚、味覚、触覚を持っている。普段どれも使っているようだが、めまぐるしい忙しさ、あふれる情報とバーチャルな世界のなかで、知らず知らず感受性が鈍っていないだろうか。自然のなかに出かける機会の多い人であっても、名前で動植物を覚え、ついつい知識としてため込むことに一生懸命になってしまう。むしろ、名も知らぬ鳥の美しいさえずり、梢を渡る風の音、命の息吹のような春の空気、子どものころつかまえた魚のぬめりや虫たちの動き、体の芯まで染める夕陽や降るような星空……そんな感覚や感動こそを生き生きと思い出すのではないだろうか。

学生時代、上信越国立公園内の本白根山（群馬県）で自然観察ガイドのアルバイトをしていた時期がある。多くの参加者を連れて登山道を歩きつつ、道沿いの植物の名前ばかり解説していた。「どうせ覚えても家に帰ったら忘れてしまうよ」という声を背中に聞きながらも。そして、解説に疲れてふと見あげたとき、澄みきった高原の青空を背景に、樹々が透き通るような緑の葉を広げている景色にハッとさせられたのである。そのすがすがしい美しさが体中に広がる感じがして、思わず足を止め、しばしみんなで見あげていた。解説した植物の名前は忘れてしまっても、きっとあの風景の美しさは彼らの心のなかにのこっていて、その感動の記憶がその場所、ひいては自然全体を大切に思う気持ちにつながっていったと信じたい。

『地球の美しさと神秘を感じとれる人は、（中略）たとえ生活のなかで苦しみや心配ごとにであったとしても、かならずや内面的な満足感と、生きていることへの新たな喜びへと通ずる小道を見つけだすことができると信じます』

レイチェルは、だれもが幼い時に持っている「センス・オブ・ワンダー＝美しいもの、未知なもの、神秘的なものに目をみはる感性」をはぐくむことが、わたしたちを孤独から救い、生きる喜びに導くと語る。地球の未来を憂い、環境汚染に警告を発した科学者であった彼女の最後のメッセージとは、豊かな感受性を持つことであり、豊かな自然体験の大切さであった。

「自然を守るために、わたしでもできることはなんですか」という質問をよく聞く。わたしたちひとりひとりが自然を感じ、自然との「生きたつながり」を持つことが、すなわち『沈黙の春』でいう「べつの道」、人間が多様で複雑な自然と共存するための、回り道のようであって、実はもっとも着実な方法なのではないだろうか。

■自然と豊かなふれあいをしよう

五感を使って自然を感じ、日々の生活を豊かにすることは、実は都会でもそうむずかしいことではない。雨音に耳を澄ませたり、雲が流れるさまを追いかけたり、風の匂いを感じたり……少しの時間、感覚をとぎすませば、自然はびっくりするほど多様な姿を見せてくれる。

しかし、都会でも地方でも自然とのつきあいが薄くなっている現代人のなかには、どうやって自然を感じてよいのかわからない、子どもを自然にふれさせたいがどこに連れていったらよいのかわからないという人も多いだろう。あるいは、より密度の濃い自然体験を求める人もいるかもしれない。

そういう人には、知識だけ伝えるガイドではなく、優れた自然案内人が必要だ。質の高い自然体験プログラムでは、自然の不思議さや美しさ、自然と人間のつながりに気づくための数々のしかけが用意されており、その手助けをしてくれる。喜ばしいことに、最近日本でも、自然の営みや自然とのふれあいを感じられる機会をさまざまな方法で提供する場が増えてきた。まずは、全国各地の自然ふれあい施設の情報を提供する「自然大好きクラブ」、全国のエコツアーや体験プログラムを紹介する「エコツアー総覧」などのホームページ、アウトドア雑誌のイベント情報をのぞいてみよう。体力に関係なく気軽に参加できるものから、豊かな自然のなかに積極的に入っていくアクティブなものまで、季節とフィールドによって多彩なプログラムがそろっているはずだ。自然のなかで得る新たな「人との出会い」もまた、自然体験に彩りを添え、より深みのあるものにしてくれる。

レイチェルは、地球の未来を人間の豊かな感性に託したように思える。あなたのセンス・オブ・ワンダーを磨くためにも、次の休暇にはぜひ自然を感じ、感性をはぐくむ機会をつくってはどうだろうか。

守分紀子

注　「自然大好きクラブ」http://www. nats. jeef. or. jp/　「エコツアー総覧」http://ecotourism. jp/

空に向かって葉を広げるブナ（尾瀬）

博物館から地域の自然をとらえる

仕事柄か、自然系博物館や自然公園のビジターセンターをのぞいてみるのが好きだ。それも、気に入るとメモをとったり写真を撮ったり、ここまで来るとほとんど職業病だと思いながらも、ついでに壁や床材をチェックしたり。この章では、国内最大の湖、琵琶湖をテーマとした滋賀県立琵琶湖博物館（草津市）のなかで、とくに印象深かった展示を紹介したい。

■琵琶湖にこだわる博物館

琵琶湖といえば、２００２（平成14）年10月、在来魚を捕食するブラックバスなどの外来魚の再放流（リリース）を禁止した県条例が成立し、話題を呼んでいる。琵琶湖は約４００万年前に誕生した世界有数の古い湖である。気の遠くなるような長い年月を経て、琵琶湖にしか生息しない固有種が進化し、独自の生態系が形成された。ニゴロブナやホンモロコなどの魚類をはじめ、現在50数種の固有種が確認されている。数十万年以上前に誕生した湖は「古代湖」と呼ばれ、世界でもカスピ海やバイカル湖などわずか10カ所ほどし

吹き抜けのアトリウムからは眼前に琵琶湖を望むことができる

かない。琵琶湖は学術的にも大変貴重な湖なのである。

しかし、この30年間で沿岸に生息する魚類の大半を外来魚が占めるようになるなど、琵琶湖固有の生態系が大きく変化してしまった。その要因は、外来魚による捕食のほか、湖岸に広がるヨシ群落の減少、生活・産業排水による水質悪化などが指摘されている。

太古からの歴史のなかで、多様な生物からなる豊かな生態系を育んできた琵琶湖。その周りには数万年前から人間が住み、自然のサイクルに従い湖のもたらす恵みをうまく利用しながら、独自の文化を築いてきた。しかし、近年湖と人間のかかわりは、琵琶湖の長い歴史から見れば非常に短期間のうちに劇的な変貌をとげつつある。琵琶湖博物館は、このような「湖と人間のかかわりの歴史」にこだわった、実にユニークな博物館である。

■蛇口のない暮らし

琵琶湖とその周辺の航空写真が床いっぱいに印刷され

ている展示室で、何組もの家族が地べたに張り付くようにしてなにかを探している。「たぶんこのへんやで」「あったあった」――きっと自分の家や学校を探しているのだろう。鳥の眼になって、身近な場所と琵琶湖の位置関係を確認することで、琵琶湖の存在がぐっと近くに迫ってくる。

この奥に広がるのが、博物館のメインとなるC展示室だ。400万年前にさかのぼる琵琶湖の生い立ちを探るA展示室や、縄文時代から近代までの湖と人間のかかわりの歴史を展示したB展示室とはちがい、C展示室では昭和30年代から現代までのわずか40年を扱っている。

展示室に足を踏み入れると、そこにはわらぶきの農家が昔の生活の匂いそのままに建っていて、まるでタイムスリップしたかのようだ。それもそのはず、これは琵琶湖東岸、彦根市本庄町に実在した家を丸ごと移築し、1964（昭和39）年5月10日午前10時を想定して当時の暮らしを忠実に再現したものなのである。まだ水道が引かれていなかった当時、農村ではかぎられた水を効率よく使う工夫がされていた。また、水を汚さないための数々のルールがあった。村をめぐる水路を引きこんだ洗い場では、落ちた食べ物くずはコイが食べる仕組みになっており、洗濯などで汚れた水は水路には流さず汚水槽にためておいて畑の肥料にした。便所はもちろんくみ取り式である。母屋の土間に据えられた樽型の風呂に使う水も水路からの水を運び、のこり湯は再利用した。

水ばかりではない。かまどにくべる薪は里山から集め、燃やした後の灰は畑の肥料になった。ちゃぶ台の上に並ぶ魚は近くの川でとれたものだ。農村の暮らしでは、生活に必要なものはほとんど身近な自然から賄《まかな》っていたのである。里山やため池などは人の手により管理され、そこには連綿とつづく自然とのかかわり方の知恵があった。

ところが高度成長期を境に、人びとの生活は大量生産・大量消費に象徴されるライフスタイルにかわり、便利さと快適さのかかわりに自然とのかかわりは希薄になっていく。水の流れは蛇口から排水口までしか見えなくなった。使われなくなった里山は荒れ、琵琶湖では生活排水による水質悪化や埋め立てによるヨシ原の消失、外来魚の放流による生態系のかく乱などが進行したのである。わずか40年

わが家はどこかな？　航空写真から琵琶湖集水域の広がりを知る

という短いあいだに、湖の環境とわれわれの暮らしは大きく変化した。40年前の農村の暮らしに触れるなかで、改めて現代の生活を見つめ直し、これからの自然と人間とのつきあい方について考えずにはいられない。

■いろいろな環境のとらえ方

C展示室のもうひとつユニークなところは、ありがちな「あるべき環境の姿」の押しつけがないばかりか、同じ環境でもさまざまなとらえ方があることを見せてくれる点だ。

どぶ川の水と、琵琶湖中心部の水、フナの飼育水槽の水でどれが一番良いかと聞かれれば、だれもが一番きれいな琵琶湖中心部の水を選ぶだろう。しかし、有機物の栄養たっぷりのどぶ川はワムシや原生動物にとって、フナの水槽は緑藻や植物プランクトンにとって、それぞれ住み良い環境なのである。逆に、琵琶湖中心部の水は貧栄養で住みにくい。人間とプランクトンでは好む環境がちがうのだ。

少し極端ではあるが、この展示はわれわれの環境のとらえ方は往々にして主観的であることに気づかせてくれる。ある環境を「好ましい環境」と考える人もいれば、逆に「嫌な環境」だととらえる人もいるのである。立場や価値観などによってさまざまな意見が出てくるなかで、「人間と自然とのよりよいかかわり」を目指すにはどうしたらよいのだろうか。これはおそらく、環境問題に取り組む人びとにとっての永遠のテーマであろう。この博物館では、「こうするのが正しい」という答えを得ることはない。来館者自らが考えたり、議論したりするきっかけを用意している場なのである。

■博物館はフィールドへの入口

琵琶湖博物館の強みは、「琵琶湖と人間のかかわり」という抽象的ながらも、地域に密着したリアルなテーマを持っていることだ。つまり、目の前に琵琶湖というはっきりした対象があり、そこで現に生活している人びとの記憶や生活そのものが重要な情報源であるという思想に貫かれている。実際、地域の人びとを巻きこんだ参加型の調査研究や企画展示が行われ、地域の人びとが身近な自然とのかかわり方を見つめ直すきっかけになっている。琵琶湖へのこだわりは、一方で世界の古代湖との比較など、地域から世界へ広がる視点をも生み出す結果となった。

「博物館はほんの入口」が琵琶湖博物館のモットーだそうだ。琵琶湖とその周辺の自然、そして人びとの暮らしの歴史こそがほんものの博物館であり、琵琶湖博物館はその入口にすぎないという意味である。1960年代にフランスで提唱されたエコミュージアムの概念にも通じる考え方だが、課題はいかに人びととフィールドを結びつける仕組みをつくり出すかだ。今後も地域の自然や人びととの活発な交流を紡ぎ、発展しつづける博物館であることを期待したい。

守分紀子

かわりつつある観光のかたち

■ベトナムの少数民族の町で

　ベトナムの首都ハノイから夜行列車で10時間、さらに車で山道を1時間ほど登ったところにある山あいの辺境の町、サパ。中国国境に近いこの町を訪れたのは数年前になるが、谷沿いの急斜面に棚田が一面に広がり、周辺に点在する村ではモン族やザオ族などの少数民族が今も伝統的な暮らしを営む美しい場所であった。

　にもかかわらず、この町で思い出すことといえば、商品文化とはほど遠い生活をしているはずの地元民による手工芸品の激しい売りこみ合戦である。民族衣装に身を包んだ幼い少女たちも立派な稼ぎ手だ。学校に行けない子も多いはずだが、驚くほどさまざまな国の言葉を操りながら、外国人観光客相手にあの手この手で売りこみにかかる。手工芸品となる藍染のために青く染まった手をして、電気も水道も通っていない遠く離れた山村から歩いて通う少女たち。増加する観光客によって貨幣経済や異なる生活習慣がもたらされるなかで、彼女たちはどのように成長していくのだろう。

　不特定多数の人間（＝消費者）が時には海を越えて訪れ、地域の自然や文化（＝商品）

に直接触れる「観光」というかたち。その直接性ゆえに地域社会に与える影響の大きさを、少女たちの素朴な笑顔とともに思い出す。

■世界的大交流の世紀

国立民族学博物館の石森秀三教授は、世界の観光の歴史をこう分析する。観光旅行はもともとかぎられたエリート階級の特権だったが、19世紀後半以降約半世紀ごとに起こった革命的変化を経て、観光が大衆化したという。

第1次観光革命ともいうべき変化は、1860年代のヨーロッパにおいて、鉄道網の整備による国内観光旅行の大衆化と、スエズ運河の開通や大陸横断鉄道の整備などによるエリート階級の外国旅行の進展によって生じた。その後、アメリカの中産階級の所得上昇によって1910年代に第2次観光革

サパで出会ったモン族の少女たち

命が起こり、さらに1960年代のジャンボジェット機の就航をきっかけにして、第3次観光革命となる外国旅行のマスツーリズム（大衆観光）時代が幕を開けたのである。

全世界の海外旅行者は1960（昭和35）年には約7千万人だったが、1980（昭和55）年には約2億9千万人になり、2000（平成12）年には世界人口の1割以上にあたる約7億人に達している。世界観光機関（WTO）は、2010年には約10億人、2020年には約16億人に激増すると予測している。21世紀は、まさに世界的な大交流の世紀になるだろう。

パック旅行を主体とするマスツーリズムの台頭にともない、急成長したのが観光産業だ。世界的に4億7千400万ドル［2000（平成12）年］を生み出し、自動車産業や化学産業と並ぶ世界最大の産業のひとつに数えられている。資源の乏しい島嶼《とうしょ》国などでは、経済を観光に依存した「観光立国」も珍しくない。一方で、いまや巨大産業となった観光産業が、地域社会の自然環境や固有の文化、経済に与える影響は、非常に大きなものとなっている。無秩序な観光開発による自然破壊や廃棄物の増加、そして経済格差と生活様式のちがいからくる地域社会や文化への影響。また、伝統的な利益配分の仕組みが崩れることによる混乱も深刻だ。

パッケージ商品を大量販売するマスツーリズムは、「資源管理マインド」に欠けがちである。利益と効率性を追求するあまり、資源であるはずの地域の自然や文化を食いつぶしていく例も少なくない。このような状況に対する危機感から、地域の自然や文化などの観光資源をいかに持続的に利用していくべきかについて、世界的に模索され始めるようになったのである。

■持続可能な観光とエコツーリズム

地球環境問題がじわじわと姿を現し、地球上の資源にはかぎりがあることが認識され始めたのは、1960年代後半である。1980年代に提唱された「持続可能な発展」は、1992（平成4）年に開催された地球サミットのスローガンとなり全世界へと広がっていった。そして観光の分野では、地域資源管理の視点を取り入れた「持続可能な観光」の創出が、世界的な課題となったのである。

その具体的な流れのひとつとして世界的に定着しつつあるのが、「エコツーリズム」だ。「エコツーリズム」や「エコツアー」は、新たな観光の形態として日本でも最近よく耳にするようになってきた。かの『地球の歩き方』シリーズにも、「エコツアー・完全ガイド」が登場しているほどである。だが、これらの言葉の意味については、「環境にやさしそう」「雄大な自然を体験できる」といったあいまいなイメージでしかとらえられていないようだ。

「エコツーリズム」の定義はさまざまな主体により提唱されているが、その目指すところは、①地域の自然・文化資源を利用した観光業を成立させること、②資源を持続的に利用

エコツーリズム

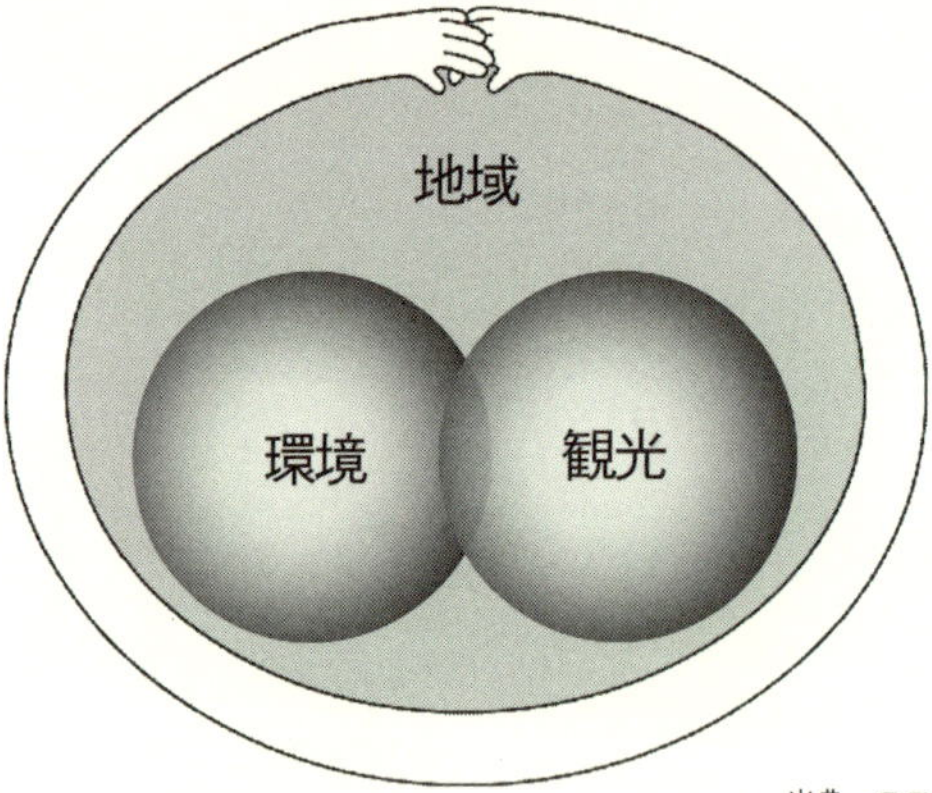

出典　エコツーリズム推進会議編
『エコツーリズム推進マニュアル』

できるように保全していくこと、③観光の波及により地域経済が活性化すること——という3点に集約される。言いかえれば、観光産業と自然環境保全、地域振興をバランス良く実現しようとするものなのである(上図)。

「エコツアー」は、このエコツーリズムの考え方を具体化した「商品」たる観光旅行のことである。その形態は実にさまざまであるが、たとえば、地域に詳しいガイドにより、動植物を観察しながらトレッキングし、地元民の家に宿泊するツアーなどが挙げられる。また、屋久島で利用者の集中する縄文杉を避けたガイドツアーのみ実施している会社や事業者間でクジラに近づく際の自主ルールを定めている小笠原ホエールウオッチング協会など、環境負荷を軽減する努力がされている優良事例もある。

■観光と自然環境保全との望ましい関係

観光は、地域の自然に与える影響の大きさゆえに、資源収奪型産業として批判されることも多い。しかし近年では、観光産業にも資源の持続的な管理が必要だという考え方が浸透しつつある。また自然環境保全の分野においても、観光を保全に必要な資金を得る経済的手段としてとらえるようになり、エコツーリズムは質の高い環境教育や自然体験の場として注目を集めるようになった。エコツーリズムの世界的普及によって、従前の「観光」と「自然保護」の対立構造から、両者融合の可能性が生まれたといえよう。そして、この両者の融合に欠かせないのが地域の参加であり、そのためのインセンティブとして地域への経済効果が重要になってくるのだ。

エコツーリズムの動きが世界的に活発化して約20年、2002（平成14）年が国連の「国際エコツーリズム年」に定められるなど、いまや地球規模の大きなうねりとなっている。その一方で、利用者の集中による影響やガイドラインの欠如など、エコツーリズムの弊害や課題も明らかになってきた。また日本国内では、概念がわかりにくいこともあり、エコツーリズムへの取り組みはまだまだこれからという状況だ。環境省では、国内のエコツーリズムを推進するための具体的施策について、2004（平成16）年6月にとりまとめたところである。

「エコツーリズム」は、自然環境に影響を与えないように厳しい決まりに縛られた観光だけを指すものではない。もちろん脆弱な自然環境のなかに入っていく場合にはそれも必要だが、世界的に旅行者が激増し観光の形態も多様化しつつある今、パック旅行のような観光についてもいかに環境にやさしいものにしていくかが重要になってきている。さまざまなかたちの観光に対応して、自然環境や歴史文化など地域資源の保全が達成され、かつ地域が元気になれるようなしくみづくりを世界中ですすめていく必要があるのだ。

守分紀子

西表島のカヌーツアー

人と人、人と自然を結うまち「由布院温泉」

わたしの所属している自然環境を主に扱う職場には、自然をこよなく愛し、できるかぎり自然環境の豊かな場所で生活したいと望む人がたくさんいる。あたり前だと言われるかもしれないが、人それぞれ、かならず自然を愛するようになるきっかけとなる事件や人びと、自然保護を進めるうえで元になる考え方に出会ったりしてきているのだと思う。かくいうわたしにも、自然環境に対するアプローチの方法を教えてくれた大切な出会いがあった。そのひとつが由布院温泉である。

■由布院らしさを求めて

阿蘇くじゅう国立公園にも指定されている山々に囲まれた盆地に市街地が広がるが、これがここ十数年ほどで日本中に名が知れ渡った由布院温泉（湯布院町には由布院温泉と湯平温泉が存在するが、ここでは由布院温泉に焦点を絞って話を進める）である。標高１５８４メートルの由布岳の麓に広がる自然が豊かで静かな温泉地であり、底霧の里として知られている。

１９７０（昭和45）年ごろ、当時はまったく売れない温泉だった。由布院に自然はたくさんあったが、地元の人はそれが売れるとは考えていなかった。そのころ、地元で私財を投げ打って頑張ろうという人びとが出てきた。亀の井別荘の中谷氏、玉の湯の溝口氏、夢想園の山本氏、旅館のご主人である３人を中心に、まったく売れない温泉だったのをなんとかしようと始まった。彼らは由布院まちづくりのリーダーの１世代目と言われる人びとである。

由布院の近くには別府温泉がある。当時非常に売れていた温泉である。由布院の人びとは自分たちのまちは別府と同じことをしていては駄目だと思った。この「まち」のイメージを大切にしようとした。旅館と生産者が支えあう関係を築き、地域の農業・畜産と共存することを考えた。由布院の産物であるヤマメ養殖、地鶏の飼育、トマト、梅ジャム、天然ニガリの豆腐。こうしたものをかならず旅館で出すことにした。

１９７０年代後半、まちおこしというよりも、まちに住んでいるみんなで楽しいと思う行事、やりたいと思うイベントを行いだした。牛１頭牧場、牛喰絶叫大会、由布院映画祭、由布院音楽祭。これらのイベントは回を重ねるごとに由布院の名物として日本中に知られていった。大分県の村おこしの一環で1村1品運動が行われたが、1970年代において湯布院町の名物だった「トマト、豊後牛、キャベツ」は1995（平成7）年には「由布院音楽祭・映画祭」へと変化している。こうしたイベントの担当者、美術館館長らが、由布院まちづくりリーダーの2世代目である。

現在、大分県由布院といえば、若者にも大人気の観光の名所である。年間400万人の観光客が由布院を訪れている。しかし、かならずしもうまくいっていたばかりではない。新参者とか大規模開発論者とか、由布院の名だけで売ろうとする人も出てきた。まちの成功によるあらゆるものの集中、そして集中による質の低下が嘆かれている。

1996（平成8）年晩夏、わたしは由布院のまちづくりに関する調査を実施していたが、ある事に気がついた。由布院の人びとの心の根底にしっかりと根をはる理念が存在しているようだったのである。

由布院が成功してきた秘訣に1人のスーパーマンの存在があると言われる。事実、亀の井別荘のご主人である中谷健太郎氏がこの町の実質的なまちづくりのリーダーであったことは、だれもが認めていた。中谷氏がこだわってきたことがまちのみんなへ伝播し、心に根付いていると思わせられた。中谷氏は自分の旅館で修行し腕を備えた人の独立を認めており、独立していった人びとが由布院の町中に散らばり、そこここで頑張っているという。

点を線で結び、地域で紹介しあい、まとまっている事例である。

さらに、中谷氏の書かれた随筆から彼の由布院に対するまちづくりの理念を探ってみよう。

『「ゆふ」という町の名前は「結わえて編む」という意味だ。溶かしてひとつの町に固めるのではなくて、各々をそのままに存在させながら全体を「ゆふ」てゆくのだ。それがこの町の生き方だと思う』

『ひとりひとりの「出会い」が新しい世界を生む。そんな可能性に目を据えてほしい。「出会い」を結び直して世界をつくり直すのだ』

『なによりも大事なのは「空間」である。土地柄によって空間のありようは異なるけれど、少なくとも農村の空間はゆったりしていなくてはいけない。それが農村の原型であるし、人間の住居の原型でもある』

由布院まちづくりのリーダー2代目となった人びとはイベント担当者や美術館館長であると先に述べた。彼らはもともと由布院で生まれ育った者ばかりではないが、1代目の気風を受け継ぎ、なかなか元気一杯の方々ばかりであるらしい。そのうちのひとりである高見乾司氏は由布院空想の森美術館の館長であった。高見氏は病気のため、たまたま由布院に降り立ち、文化の始動期だったその場所で生きていくことを決めた。ほどなくして押し寄せてきた開発ブームへの批判活動に、音楽祭や文化祭のメンバーとともに参加した。その一方で、外部からの資本によって画一的に整備されたリゾート地として荒らされていくのを拒否するからには、それらに反してまちの発展につながるなにかをしなければいけないと強く感じていたという。そうしてつくられたのが「空想の森美術館」であった。山の中腹に静かに存在するその美術館では、作家が滞在し、製作し、発表も同時に行うというアーティスト・イン・レジデンスが推進されていた。この手法からは、自然のなかでゆっくり滞在するということと、人と人の出会いから生み出されるものを重視していることが感じとれた。

■自然をベースに人がつながる

それから、彼らのようなリーダーのみで由布院がつくられてきたのではないことを触れておきたい。由布院の人びとは事が生じたとき、良いのか悪いのか自分たちで判断をして、実行ならばみんなで助けあい、駄目ならば断固として阻止してきた。わたしが由布院を取材した当時、沖縄の米軍基地が返還されることにともない、基地の代替場所として由布院近くの山が候補に挙げられていた。ヒアリングのために中谷氏宅を訪問した際、隣室に町中の人びとが集合し、米軍基地建設反対のために熱心に議論をかわしている最中であった。個人個人がまちづくりに対する熱い思いを抱いていること、一堂にみんなが集まることのできる人と人のつながりがあることを強く感じた。

最後に、由布院のまちづくりのキーワードを整理すると、自然があるということをベースにして、①まち全体として結びあって気分のよい空間にする、②農村らしさ（由布院らしさ）を保持する、③人と人との顔の見える付きあいをする、の3点であると思われた。こうした事柄が人びとの心のなかに育てられ、保持されている。由布院の人びとというのは、自分たちの生活をみんなで良くしようというポテンシャルが本当に高い人たちだったのである。

蟹江志保

注　由布院空想の森美術館は森の空想ミュージアムへ改名し、2001（平成13）年に宮崎県西都市に移転して、創作活動がつづけられている。

由布岳の麓に広がる湯布院温泉

老若男女とも自然に親しもう

2003（平成15）年は梅雨が長かった。8月2日になって関東甲信・東北南部地方の梅雨が明けたと報じられた。

この梅雨が明けようとするころ、1通のハガキがわが家に届いた。毎年この時期になると届けられるこのハガキは、南伊豆にある大学寮のOB会のお知らせである。わたしにとって夏といえば南伊豆を思い出す。学生時代の夏休みを連続して南伊豆で過ごしたわたしには、何年経っても南伊豆が夏を運んでくるような気がするのである。1通のハガキは夏の到来を教えてくれる大事なメッセンジャーである。

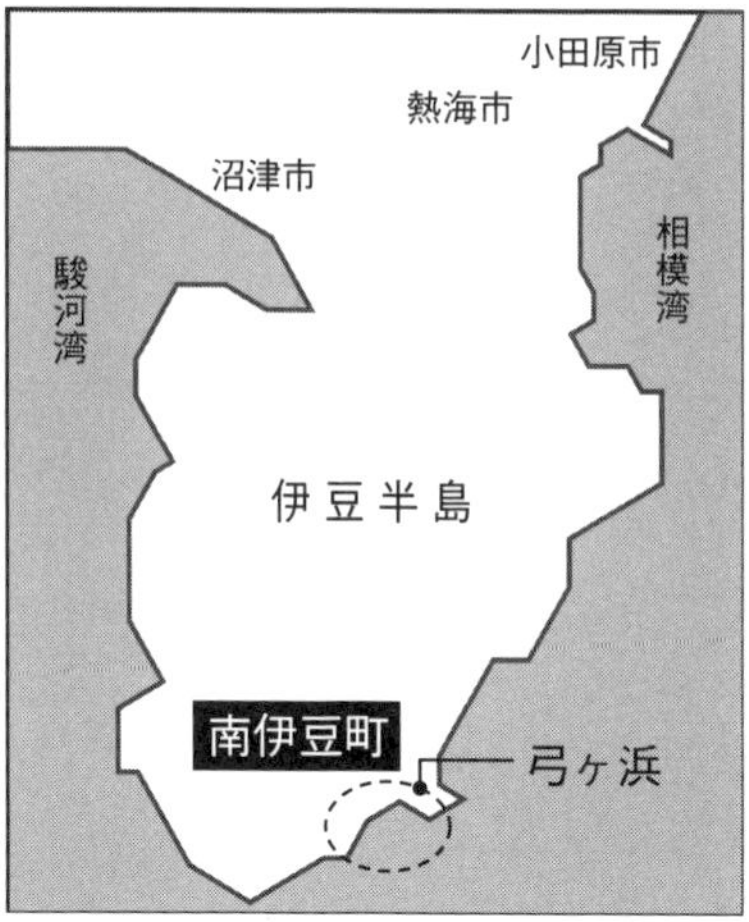

■夏の思い出

南伊豆・弓ヶ浜の夏の風物詩である海の

家は、今でこそ世の不景気の影響を受けて数が減ってしまったが、景気の良いころには6〜7軒立ち並び、いずれも繁盛していた。そのうちの1軒は佐藤一家が営んでおられた。当時小学校6年生だった娘さんのトモちゃんは真っ黒に日焼けして海の似あうチャーミングな女の子だったが、わたしに言った言葉は、南伊豆の思い出として、また自然環境行政の一員として、いまだに忘れられないでいる。

「蟹江ちゃんは東京から来たんだよね、かっこいいなあ！」

この思いがけないトモちゃんの言葉にわたしは心底驚いた。わたしは東京生まれではなく、ただ東京に住んでいるだけの人間であった。そして、わたしは夏休みのあいだだけでも騒がしい都会を離れ、自然が多く景色がきれいで心休まる南伊豆で過ごしたいと思っていた。そう、わたしは南伊豆というところが大好きなのである。ところがそのわたしの愛する第2のふるさとに生まれ育った女の子は、南伊豆ではなく、東京という大都会にあこがれを抱いていた。言い換えると、自然豊かで景色がきれいな場所ではなく、テレビに映し出される賑やかで有名人のいる場所に行ってみたいと思っていたのである。トモちゃんのかわいらしいあこがれを批判することは到底できないのであるが、「ありがとう。でも南伊豆もとってもいいところだよ」とわたしは南伊豆の味方をした。

南伊豆町は過疎化の進む町である。高校が町内にないことから若者はいったん町外に出て行かなくてはいけない。その後、町に戻ってくる若者の割合はどのくらいになるのだろ

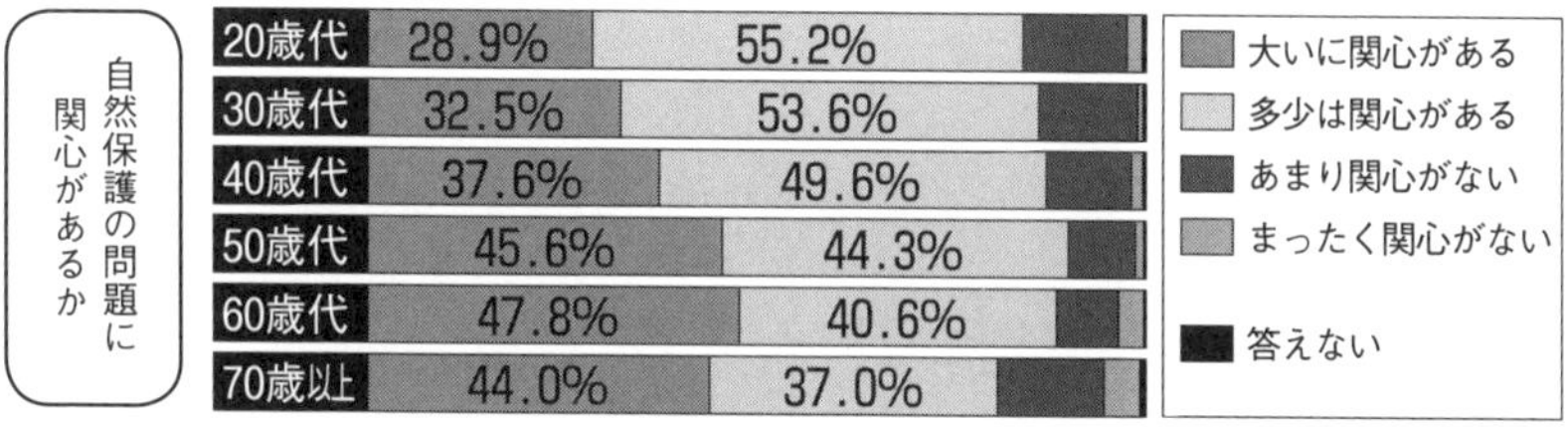

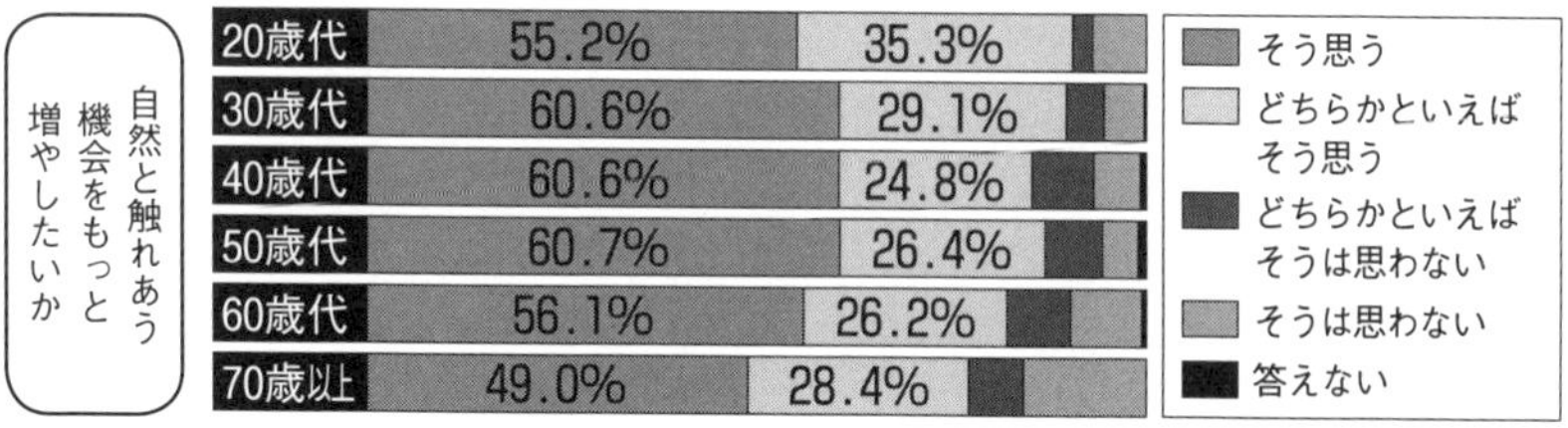

うか。南伊豆町の良さに気づいたり教えられたりしないまま、若者は都会に出て行ってしまうのだろうか。そして、この自然豊かな南伊豆町を20年後、30年後にだれが守り伝えていくのだろう、とふと思ったのであった。

■データで見る自然との触れあい

子どもたちの持つあこがれや関心が都会志向であることは、どうも南伊豆だけのことではなく、全国的な傾向であるらしい。20歳以上の国民を対象として行われた全国世論調査の結果を見てみよう（上図）。

２００３（平成15）年に実施された読売新聞社の全国世論調査［２００３（平成15）年7月30日（水）読売新聞朝刊］によると、国民が自然保護の問題に高い関心を示すとともに、自然と触れあう機会を増やしたいと思っている人も

85％にのぼったという。自然保護の問題へ「おおいに関心がある」と答えた人は、年代別に見ると20歳代がもっとも少ない29％となっており若年層では関心の度あいが弱くなっている。一方、自然と触れあう機会を増やしたいという人は、若年層に多く、20〜30歳代では9割に達している。

同じような傾向は内閣府の実施した「自然の保護と利用に関する世論調査［2001（平成13）年5月］」にも見て取れる。自然について「非常に関心がある」と答えた人は、年代別に見ると20歳代がもっとも少ない16％となっており、若年層になるにつれ関心の度あいが弱くなっている。同じく自然と触れあう機会を増やしたいという人は、20〜30歳代で8割に達する結果が出ている。世論調査ではさらに、自然に関心を持つようになった理由を聞いている。20歳代は他の年代と同じように「美しい風景のあるところを旅行してから」、「開発によって自然が失われていく様子を見聞きしてから」という理由を選んだ割合が40％超と高いのに比べ、「川原や公園、海辺などの美化清掃活動に参加してから」、「自然観察会や探鳥会、自然歩道を歩く会などの行事に参加してから」を選んだ割合がわずか数％ときわめて少なかった。

これらの調査から考えると、若年層の自然と触れあう機会を増やしたいとの高い希望を実行に移すことがまず必要ではないだろうか。さらに、自然と触れあうことを通じて自然への関心を高めていけば、自然豊かな町や村の良さに気づくことにつながるのではないだ

南伊豆の弓ヶ浜

ろうか。

■子どもの参加型事業

地域において自然に触れあうさまざまな活動やイベントが行われているところだが、ここでは環境省の実施している子どもの参加できる取り組み例を紹介する。

①こどもエコクラブ事業

数人から20人程度の小中学生と大人の応援役（サポーター）が集まってクラブをつくり、子どもたちが地域で自主的に自然観察などの環境学習や環境保全活動を行う。環境学習プログラムやわかりやすい環境情報の提供、全国交流会の開催などを通じて子どもたちの活動を支援している。2005（平成17）年1月現在、全国で4159クラブがあり、約8万3千人が会員となっている。

②自然に親しむ運動

毎年7月21日から8月20日の「自然に親しむ運動」の期間中に、全国の自然公園、景勝地、休養地および身近な自然地域において、自然に親しむための各種行事を実施している。また全国の大会として各県もちまわりで自然公園大会が開催されており、2005（平成17）年は、西海国立公園（長崎県）で開催される予定である。

③子どもパークレンジャー

子どもパークレンジャーを任命し、国立公園などにおいて自然の観察や具体的な環境保全活動に参加することにより自然や環境の大切さ、自然と人とのかかわりを学べるような環境教育・環境学習の機会を提供している。環境省と文部科学省が協力して1999（平成11）年から開始された。国立公園など全国11地区において随時開催されている。

以上いくつかの取り組みを紹介したが、夏休みなどの期間を利用して、老若男女、とくに若年層や子どもたちに自然に触れあって欲しいと切に願っている。風景鑑賞、星の大3角形探し、空に浮かぶ雲形からの想像、セミの鳴き声のまね、小鳥の餌とりの観察、草むしり、魚釣り、草木染め、ジャムづくりでもなんでも良いから、小さいころに自然と触れあう体験をして思い出をつくって欲しい。10年後、20年後にその楽しい経験を思い出し、自然への関心を高める一助でも特効薬でもなってくれればと願う。

蟹江志保

7　グローバルな環境の中で

アジアのなかの日本

■逆さ地図

いつも同じように見ていると なかなか見えてこないものも、視点をかえるとおもしろい発見があるものである。日本地図もしかり。タツノオトシゴのような日本も、ちがう角度から見ればちがう顔をする。

「そもそも生物多様性とはなんだ」ということを、新・生物多様性国家戦略の策定作業をすすめる役所のなかで、深夜まで議論していたときのことである。「環日本海諸国図という地図がおもしろい」ということになった。これは網野善彦氏の著書『「日本」とは何か』の口絵になっている地図（次ページ）なのだが、南北が逆転しているだけで印象がまったくちがって見えるから驚きである。日本は大陸の一部に見える。口絵のそばにも『「日本海」

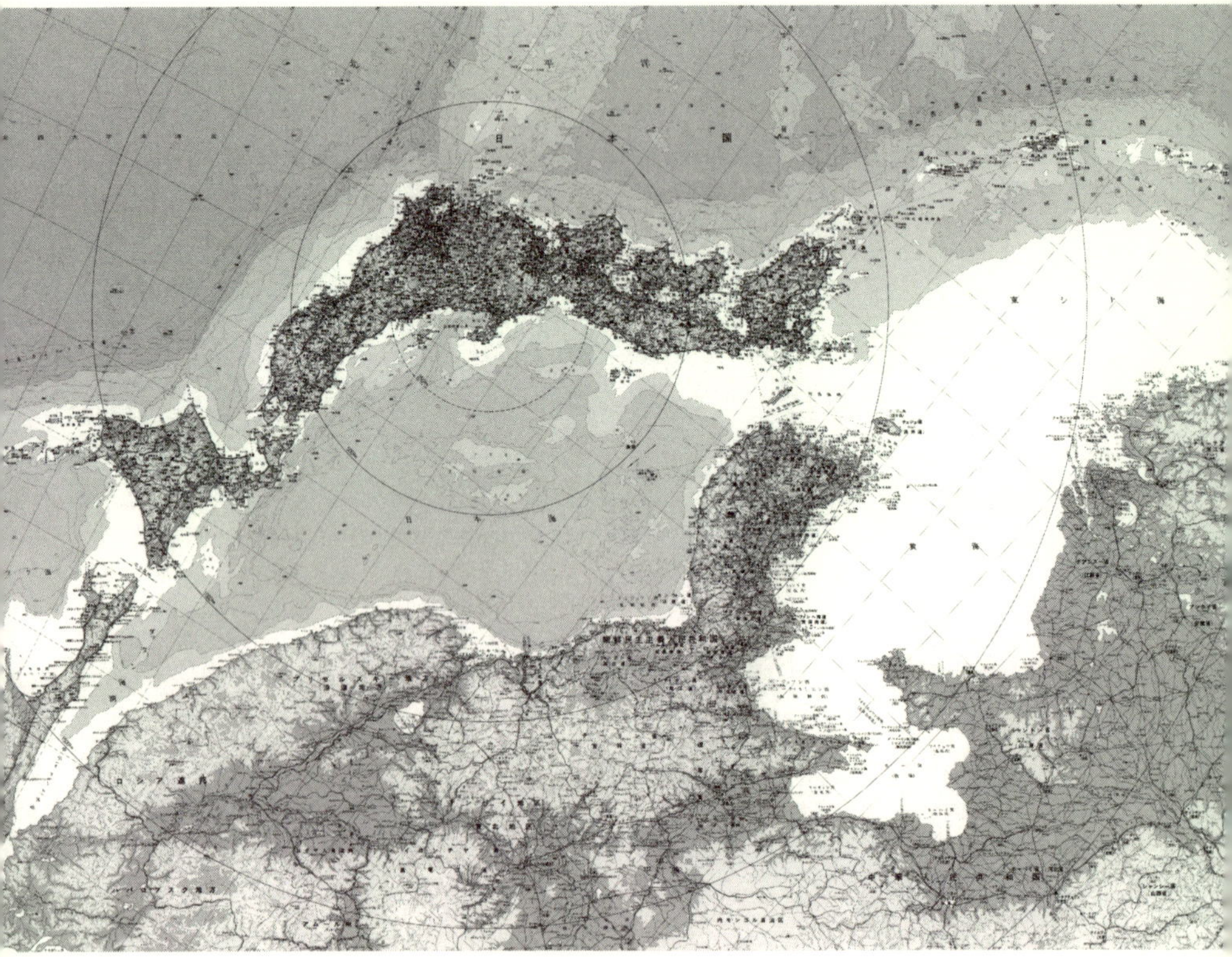

出典　「300万分の１　日本とその周辺」（国土地理院、富山県）

は大きな「内海」だった』と書かれている。

大陸と日本は地史的にも文化的にも非常に深いつながりがある。日本はユーラシア大陸の一部であった。地球の歴史から見ればごく最近大陸から離れた島で、離れた後も海水面の上下などにより、接続と分離を繰り返した。

■日本ができるまで

世界の陸地の原型が形成されるのは、パンゲアと呼ばれるひとつの超大陸が、ジュラ紀（約1億7千万年前）に北の「ローラシア大陸」と南の「ゴンドワナ大陸」に分かれたあたりから始まったとされている。その後、恐竜が絶滅したころ、オーストラリアや北アメリカなどに細かく分断し始めた。寒冷化が始まると、恐竜に代わってほ乳類がどんどん進化していった（新生代）。

日本が最後に大陸と接していたのは新生代の終わり、更新世後期のウルム氷期最盛期（約2万年前）。サハリン方面と朝鮮半島方面とに陸橋が成立して、動物の行き来を可能にしていたと考えられている。こうした大陸とのつながりによって、日本にはさまざまな種が渡来してきた。現在日本に生息する生物は大陸からはるばる渡ってきて、環境の制約にも負けず生き延びてきた強者たちなのである。

■生きのこった生物たち

有名なナウマンゾウも大陸から日本へやってきて、その後絶滅してしまった。また、日本を代表する大型ほ乳類のヒグマやオオカミも大陸から渡ってきた生物だ。残念ながらオオカミは1900年代初頭までに絶滅してしまったが、ヒグマ（北海道と本州が津軽海峡で遮《さえぎ》られたため、北海道のみで生息）は本州のツキノワグマ同様、日本で一番恐れられる大型ほ乳類となっている。

北のサハリン経由ではヒグマ、オオカミに加え、ナキウサギやシマリスなども渡ってきた。朝鮮半島経由ではアズマモグラ、タヌキ、アナグマ、イノシシなどの動物がやってきた。沖縄などの南西諸島では更新世前期（約150万年前）には台湾を経由して大陸と接続し、南方系のハブやケナガネズミといった動物が多く渡来したと考えられている。

こうした歴史から、現在日本にいる生物の種類は、大陸と共通するものが多くなっている。ロシア東部地域と日本の動植物の共通性は約41％、中国本土とは約40％、朝鮮半島とは約34％、台湾とも約12％、そしてやや離れた東南アジアでも約9％の共通種がいる。

南西諸島は、トカラ海峡が成立したため分断され、本土との接続がないまま地殻変動や海水面の上昇によって次第に島嶼《とうしょ》化し、今に至っている。大陸とも本土とも分断された歴史が長く、島嶼《とうしょ》の生物は次第に特殊化し、ヤンバルクイナ、イリオモテヤマネコ、ヤンバルテナガコガネなどの固有な生物相が見られるようになった。たとえば、西表島だけに生息するイリオモテヤマネコは、インド北部、朝鮮半島、東南アジアの島々に分布するベンガルヤマネコと近縁種とされ、西表島が大陸から切り離された後、独自に進化してきた種である。日本人だって、大陸からやってきた可能性が高いとされている。

■豊かな日本の生物相

日本は南北に細長い列島で、その緯度は北米大陸で見ればカナダのケベック市からアメリカ合衆国を横断し、メキシコに至るほどである（距離にして3千キロ）。北は亜寒帯から、南は亜熱帯までの気候を持つため、生物相は多様である。また、山岳に恵まれた地形で、非常に高い森林率（68％）を有することも、生物相を豊かにする要因となっている。

温帯に位置するにもかかわらず、他の東南アジアの熱帯国と比べても、日本の生物種は負けてはいない。ほ乳類だけで見ても１８８種。比較的ほ乳類数が多いマレーシアやフィリピンではそれぞれ約３００種、１５８種となっており、日本もひけをとらない。先進国であり、日本とほぼ同じ面積のドイツは76種、日本と同じように島嶼《とうしょ》という環境にあるイギリスの50種と比べても、日本のほ乳類種数ははるかに多い。

さらに、どれだけその土地特有の生物がいるかという「固有種の割合」で見ても、日本のほ乳類は、東南アジアのなかでも固有種の多いフィリピン（65％）、インドネシア（49％）に次いで第3位の22％となっている(ちなみにイギリス、ドイツとも０％)。さらに両生類は、フィリピン（79％）に次いで日本が74％と、日本独自の種が数多く生息していることがわかる（下表）。

■本当の国際協力

日本のＯＤＡ（政府開発援助）総額は、１９９９（平成11）年実績で１兆５千３２３億円。そのうち、森林保全などに使われる環境ＯＤＡの金額は年々上昇し、５千３５７億円［１９９９（平成11）年実績］と全体の約３分の１を占めるほどに急成長している。これは10年前に比べると約5倍の増加である。

日本は、文化的にも地史的にも、そして生物相の共通点という面でも、アジア諸国と非常に強いつながりがある。同時に、経済大国日本は、大量の

アジア各国の動植物種数および固有種の割合
（World Resouces 2000-2001, WRI, 2001 による）　　▭は上位３カ国

国名		面積（万km²）	森林率	哺乳類		両生類		高等植物	
				種数	固有種割合	種数	固有種割合	種数	固有種割合
日本		37	68%	188	22%	61	74%	5,565	36%
インドネシア		182	60%	457	49%	285	40%	29,375	60%
マレーシア		33	45%	300	12%	189	37%	15,500	23%
フィリピン		30	23%	158	65%	92	79%	8,931	39%
スリランカ		6	33%	88	17%	39	51%	3,314	27%
中国		933	14%	400	21%	290	54%	32,200	56%
インド		297	22%	316	14%	209	58%	16,000	31%
ロシア連邦		1,689	45%	269	8%	41	0%	-	-
参考	イギリス	24	8%	50	0%	7	0%	1,623	1%
	ドイツ	35	31%	76	0%	20	0%	2,632	0%

木材や農作物などを多くのアジアの国から輸入している。そのなかには、現地の環境を破壊して日本の経済や生活を豊かにしているケースもある。たとえば、日本人が大好きなエビは、多くの東南アジアのマングローブ林を切り払い、エビ養殖地をつくって生産されており、その大部分は日本向けの輸出となっているのだ。

アジアへの主要援助国実績割合では、日本は全体の70％近くを占めており、そうしたODAによる協力は今後も重要であることはまちがいないだろう。アジア各国の若い研究者を育成し、動植物に関する情報をきちんと把握することも重要だし、地域住民へ、持続可能な資源の利用について理解を深めてもらうといった、まさに基盤となる人や考え方への支援が欠かせない。そして、さらに重要なのは、わたしたちひとりひとりが自然や文化における共通点をしっかりと確認し、輸入産物などに関する日本のかかわりについて自覚を持つことから始まるのではないだろうか。

池田和子

生物多様性のための統合的アプローチ　①アフリカ

■生物多様性は人間活動とあわせてとらえる

　現在、地球的な規模で森林減少や土壌劣化が進んでおり、１９９０年代の10年間には全世界で年間、日本の面積のおよそ４分の１に相当する約９４０万ヘクタールの森林が失われているとされ、地球の陸地面積の約15％が土壌劣化の影響を受けているといわれている（「環境白書　平成15年度版」参照）。国連環境計画（ＵＮＥＰ）が２００２（平成14）年に発行した『Global Environment Outlook 3（地球環境概況3）』によると、それらの減少はおもに、不適切な農地利用、森林伐採、天然植生の破壊および過放牧などの人間の活動により引き起こされており、世界の生物多様性が自然淘汰に起因するよりも何倍も高い率で失われているという。

　これらの統計データは、生物多様性の保全を考えるときにはそれだけを切り離すのではなく、取り巻く周囲の状況をあわせてとらえながら対策を検討することが重要かつ有効であることを示している。しばしば生物多様性の保全だけを取り出して考えてしまいがちだが、人間活動にともなって生物多様性の保全の問題が発生することを理解して物事に取り組まないと、効果的な対策を施すことはおろか、生物多様性の保全という考え方が受け入れられず、いつまで経っても環境の悪化傾向をかえられないということを、わたし自身も具体的な事例を通じて教えられることがあった。

■セネガル訪問

先のＵＮＥＰの報告によると、アフリカは土壌劣化の著しい地域のひとつである。

２００２（平成14）年、わたしは外務省のＯＤＡ民間モニターに同行し、セネガル国を訪問する機会を得た。セネガルはアフリカ大陸の西端、サハラ砂漠の南に位置し、面積は日本の約半分、人口約９９０万人の国である。雨季と乾季を持つステップ気候に属し、沿岸のデルタ地帯はマングローブが育ち温暖であるが、内陸に入るにつれ乾燥して塩分の多い土地となってくる。アフリカでは比較的裕福な国といわれているが、落花生など農業が中心の経済で、1人あたりGNI(国民総所得)が550米ドルと、日本の3万4千米ドルに比べ、その所得水準はずっと低い。砂漠化の問題を含め、安全な水を使えない人びとは80%と高く、女性の多くが水の運搬に時間を費やしている。初等教育就学率も全国で60%ほどしかなく、女子生徒の場合は40%に落ちる。こうした現状に対し日本は、基礎的生活基盤の改善(生活用水、基礎教育、基礎的保健・医療)、環境(砂漠化防止)および農水産業を重点分野として政府開発援助(ODA)による協力を行ってきている。

とくに中心となる支援は全国的な給水施設の整備である。1979(昭和54)年度から1997(平成9)年度のあいだ、日本の協力で実施された給水施設の整備により、約4万8千人の住民と約3万6千頭の家畜が良質な飲料水の給水を受けられるようになった。訪れたタイバンジャイ村では給水率が80%から99%まであがり、女性の就学率も2%から40%にあがった。これにともない、病気罹患率、乳幼児死亡率も低下し、水供給にともなって分野横断的に住民の生活水準が向上したことがわかっている。

沿岸のプティト・コートおよびサルーム・デルタでは海水と陸水が混じって絶妙な塩分濃度となり、潮の満ち引きがあることからマングローブ林が形成され、多様で豊かな生態系を生み出している。魚介類の豊富な資源庫として、また、マングローブ自体も薪炭資源として、住民の生活に欠かせない存在となっている。しかし、雨量の減少や周辺住民による伐採などによりマングローブ林の減少が進行したため、日本の協力によって環境調査を行い、森林、水産、エコツーリズムおよび環境教育を包括的に扱うマングローブ林の持続的管理計画を策定し、地元住民らによる実施を目指すプロジェクトが進められている。

セネガル訪問当時、外務省に所属して環境分野の経済協力の政策部門を担当していたわたしは、アフリカにおいて環境分野の取り組みを〝最優先でやる〟というのは当てはまらないと頭では理解していたが、セネガルという国を環境分野以外の面も含めて丸ごと現地で見て、正に腑に落ちた。環境分野単独のプロジェクトは途上国の施策として取り入れられにくいが、経済発展と、社会福祉の向上と、環境保全とが統合されること（「持続可能な開発」）によって、途上国のニーズに直結した、受け入れられやすいプロジェクトにかわること、受け入れ側のニーズにあうからこそ日本の協力の効果もあがっていることがよく理解できた。

ところで、沿岸のカイヤールにおいて日本の協力により建設された水産センターを見学した時のこと。ちょうど漁船が戻り、水揚げ作業のため船から下りてきた男たちと、魚市場で働く女たちとで浜辺がごったがえしていた。賑わいのある魚市場であるが、浜辺はビニールが舞い飛ぶほどゴミだらけであった。モニターが「ゴミを出さないことが大切である」と指摘すると、住民は「(ゴミ箱など) 施設があれば拾うよ」と答えた。環境意識の向上を図るには相当の努力が必要であると感じたエピソードである。と同時に、セネガルにおいて環境問題を大きな問題として扱う日は確実に来るであろうと思った。

水揚げで賑わうカイヤールの浜辺

カイヤールの浜辺に散乱するゴミ（撮影　篠崎智江子）

■アフリカ開発会議

アフリカ開発会議、通称TICADをご存じだろうか。日本が国連や国際開発計画（UNDP）などと共催で開催するアフリカ開発をテーマとする国際会議のことである。これまで東京で開催されており、1993（平成5）年の第1回、1998（平成10）年の第2回につづいて、2003（平成15）年9月29日から10月1日にかけて第3回が開催された。

2002（平成14）年9月のヨハネスブルク・サミットからもわかるように、国際社会におけるアフリカ問題への関心が高まっている。TICADⅢの議長（森喜朗前総理）サマリーによると、さまざまな開発分野のなかでも、平和の定着、キャパシティビルディング（ガバナンス向上や初等教育など）、人間中心の開発（エイズ、マラリア対策などの保健および水資源管理など）といった分野がとくに重要なものとして確認され、アフリカ自身のさらなる努力と国際社会の支援が求められている。

日本は小泉総理が、「人間中心の開発」、「経済成長を通じた貧困削減」、「平和の定着」を3本柱とする日本の対アフリカ支援方針を表明した。一見するとこれらは環境保全と縁がないように見える。しかし、これらには給水施設の支援や、砂漠化対策として社会林業や植林の推進が含まれており、環境保全の要素も一部盛りこまれていると思う。統合的アプローチで、これから必要となるだろう環境意識の向上が図られていくことを期待している。

蟹江志保

生物多様性のための統合的アプローチ　②環境ODA

■途上国での持続可能な開発に向けた世界的資金の流れ

1992（平成4）年リオデジャネイロで開催された地球サミット（UNCED）以降、環境分野において多くの国際的合意がなされた。アジェンダ21、森林原則、砂漠化対処条約、気候変動枠組条約、京都議定書、生物多様性保全条約およびカルタヘナ議定書など、地球環境問題の解決に向けた枠組みが整備されてきている。こうした枠組みに基づく活動を支えるために資金が必要である。

UNCEDで採択されたアジェンダ21の第33章は資金について記述されている。持続可能な開発を途上国で実施するには約6千億米ドルの資金が必要と見積もられている。このうち1千250億ドル（先進国のGDP比0・7％）は、政府開発援助（ODA）で、4千750億ドルは各国内の公的および民間資金から賄《まかな》うという前提であった。

それから10年を経て、世界を取り巻く経済状況が大きく変化した。とくに、ODAが予想よりも伸びなかったこと、国際的な民間資金が大きく増加したことが挙げられる（左図）。しかし、一般的に民間資金は条件の良い地域に集中し、途上国全体に行き渡らない。その

途上国への資金の流れ（1991～2003年）

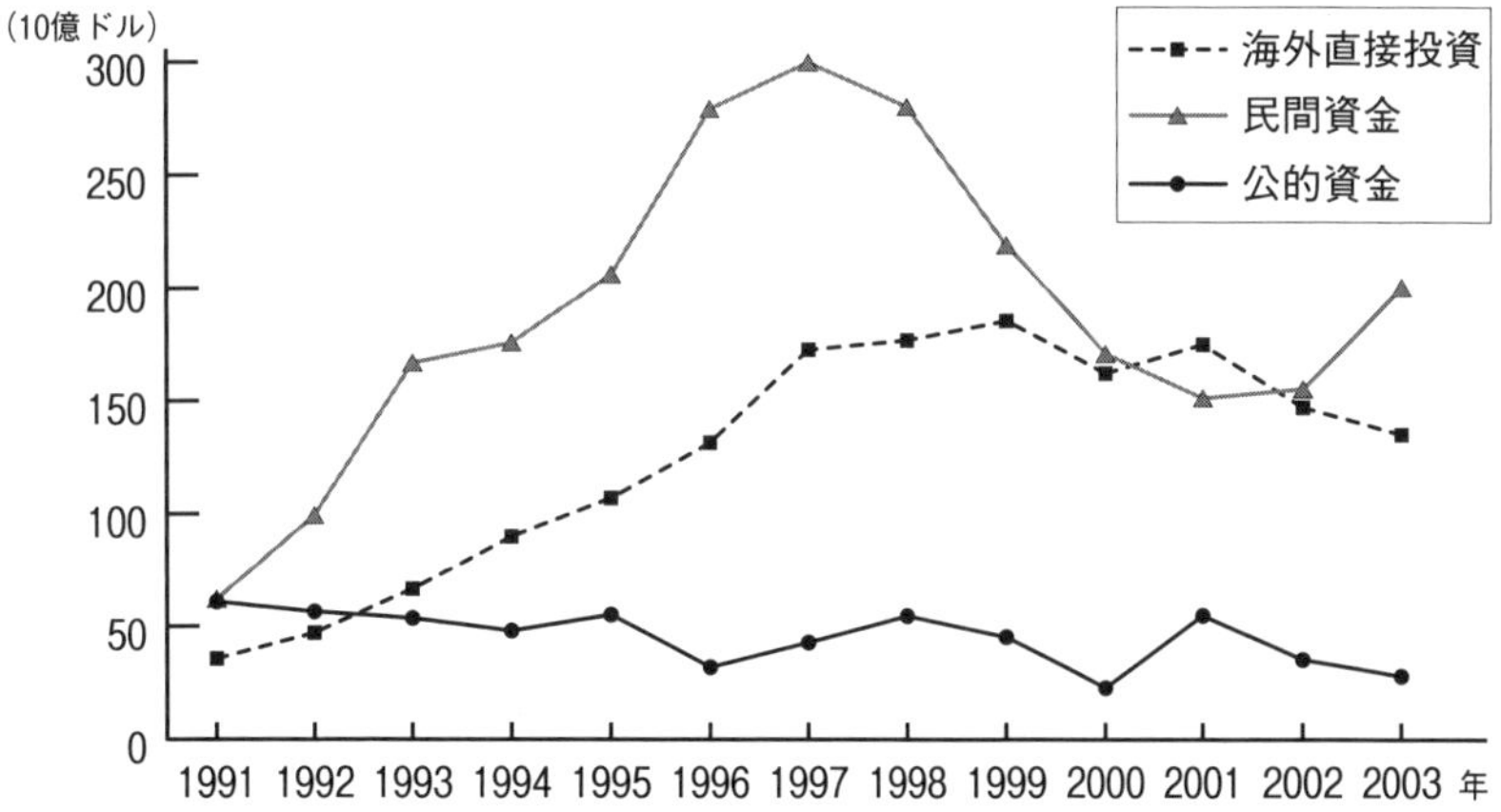

注　2003年は推計値。資料　世界銀行「Gloval Development Finance」

ため依然としてODAへの期待は高く、ODAの増額およびかぎられた資金を効率的かつ戦略的に活用することが求められている。こうした背景を受けて、欧米諸国は2002（平成14）年相次いでODA増額を表明した。

■幅広い環境分野に活用される日本のODA

政府開発援助（Official Development Assistance=ODA）とは、開発途上国の経済開発や福祉の向上に役立つことを主たる目的として政府や政府の実施機関によって供与され、資金の供与条件が開発途上国にとって重い負担にならないようになっている資金の流れを指している。近年では、ODAを用いたプロジェクトや活動そのものを呼ぶことも多い。

日本においてODAは、各省庁および自治

環境分野における我が国の経済協力実績　(出典：外務省資料)

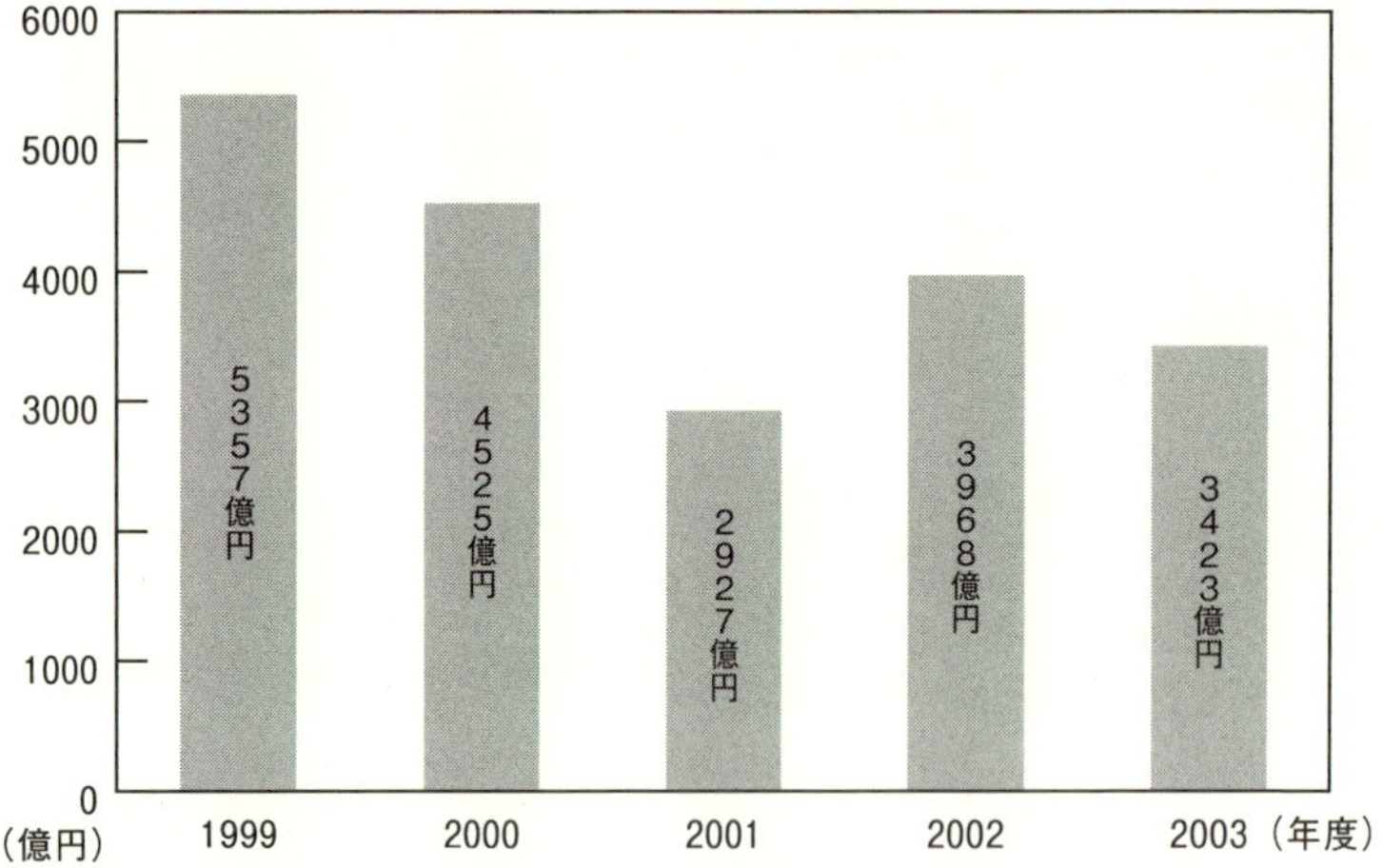

体などにより供与されており、国際協力機構（ＪＩＣＡ）や国際協力銀行（ＪＢＩＣ）などが主要な実施機関となっている。

ＯＤＡは環境の幅広い分野にわたって活用されている。上下水道の整備、廃棄物処理、省エネルギー、大気汚染対策、水質汚濁対策、森林保全・造成、自然環境保全、洪水など自然災害への対策、環境行政の確立、地域環境改善計画、海洋汚染などの地域環境問題、気候変動、砂漠化対処、生物多様性といった地球環境問題まで扱われている。

日本は、１９９７（平成９）年に発表された「21世紀に向けた環境開発支援構想（ＩＳＤ）」に基づいて、開発途上国の環境分野の取り組みを積極的に支援しており、環境ＯＤＡの供与額は上図に示すとおり高い数値となっている。

■Ｅｃｏ－ＳＤへの期待

２００２（平成14）年９月、ヨハネスブルグ・サミット（持続可能な開発に関する世界首脳会議、ＷＳＳＤ）が南アフリカで開催された。サミットに先駆けて日本は、持続可能な開発に向けた具体的な包括的協力策を「小泉構想」にまとめ、同年８月に発表している。小泉構想は、人間と希望（人づくり）、自立と連携（開発）、今日と明日（環境）の３要素をあわせ持っている。

そのなかに環境ＯＤＡに関する「持続可能な開発のための環境保全イニシアティブ（Environmental Conservation Initiative for Sustainable Development＝Ｅｃｏ－ＳＤ）」がある。Ｅｃｏ－ＳＤには、日本が環境分野の支援を行う目的、ＯＤＡを通じて支援を行う際の理念および方針、行動計画ならびに今後の目標が掲げられている。ＯＤＡ－ＳＤ（前ページ参照）を改め、環境ＯＤＡの基本的方針および具体的協力策をまとめたものだ。まず冒頭で、途上国における経済発展にともなう環境汚染への対策を整備するため、また環境問題の根源にある貧困問題を解決するため、さらには地球規模の環境問題に対応するために、多岐にわたる分野で途上国を支援していると述べている。

Ｅｃｏ－ＳＤの理念は３つである。

①人間の安全保障（Human Security）

②自助努力と連帯（Ownership & Partnership）

③環境と開発の両立（Pursuit of Environmental Conservation & Development）

これら理念の下、とくに環境分野において支援を行う際の基本方針が５つある。

①環境対処能力向上（キャパシティ・ディベロップメント）

②積極的な環境要素の取りこみ

③我が国の先導的な働きかけ

④総合的・包括的枠組みによる協力

⑤我が国の経験と科学技術の活用

具体的な取り組みを示した部分が行動計画であり、ＯＤＡを中心としたわが国の国際環境協力が列挙されている。すでに述べたように環境分野は守備範囲が広い。したがって環境分野のなかでも重点化を図っていく必要があるが、とくに基本的な課題として４つの重点分野が示されている。

①地球温暖化対策

②環境汚染対策

③「水」問題への取り組み

④自然環境保全

最後に日本の新たな取り組みとして５つの目標が掲げられている。

①環境分野における人材育成５千人

②優遇条件による円借款
③地球環境無償資金協力の充実
④国際機関などとの広範囲な連携の促進
⑤環境ＯＤＡの事業評価

このなかで特筆したいのは、Ｅｃｏ－ＳＤで新たに加えられた基本方針であり、環境を直接扱う部門を伸ばすこと（基本方針①）と、あらゆる分野の活動において環境改善または環境配慮が取り入れられること（基本方針②）が記述されたことだ。環境部門を強化していくことの必要性は言うまでもないが、多くの途上国において人的・資金的資源をその部門に充てる余裕はない。現段階においては経済発展および生活に必要不可欠な部門の取り組みに環境の要素を取り入れて、環境保全の重要さや取り組み方法を吸収していくことが効果的だ。加えて、生物多様性保全は行動計画の４つの重点分野のうち④自然環境保全に含まれている。今後も生物多様性保全分野への支援が積極的かつ効果的に行われることが期待される。

蟹江志保

進化する保護地域

①２００３国連保護地域リストにみる保護地域の姿

■過去40年間で面積8倍近くに

希少な野生動植物や美しい景観、めずらしい自然現象など、貴重な自然環境を守るためにはさまざまな方法がある。なかでも強力な方法は、法律などの規則によってその地域を「保護地域」に指定して保全することだろう。たとえば、自然環境の保全とレクリエーション利用を目的に指定される国立公園がその代表格だ。世界初の国立公園、イエローストーン国立公園（アメリカ）は、西部開拓時代の探検隊によりその美しい景観が伝えられ、１８７２（明治５）年に国立公園に指定された。この保護地域の原点とも言える出来事から約１３０年がたった現在、はたして地球上のどれだけが保護地域として守られているのだろうか。

国連環境計画（ＵＮＥＰ）と国際的なＮＧＯである国際自然保護連合（ＩＵＣＮ）は、共同で世界的な保護地域のリスト「国連保護地域リスト」を作成している。２００３（平成15）年９月に公表された２００３年版によれば、全世界で10万カ所以上、１千８８０万平方キロメートルを上回る面積が保護地域として登録されているという。これは、面積的には中国と南アジア、東南アジアをあわせた広さに相当する。さらに陸域だけでみれば、実に地球上の陸域全体の1割以上、約11・5%が保護地域に指定されているというから驚きである。

保護地域がこれだけの広がりをみせ始めたのは、比較的最近のことだ(下図)。1962(昭和37)年にはわずか240万平方キ《キ》ロ《ロ》メートルだった保護地域の面積は、20年後の1982(昭和57)年には3・5倍以上、そしてさらに20年後の2003(平成15)年には8倍近くにと、うなぎ登りに増加している。これはデータ精度の向上によるところも大きいが、保護地域の数と面積が急増する傾向にあることはまちがいない。保護地域は、この地球上においてかなりメジャーな存在になってきたのだ。

■保護地域のカテゴリ

保護地域とひと口に言っても、その数十万カ所、設定の目的も形態も千差万別である。

世界の保護地域の数と面積の増加

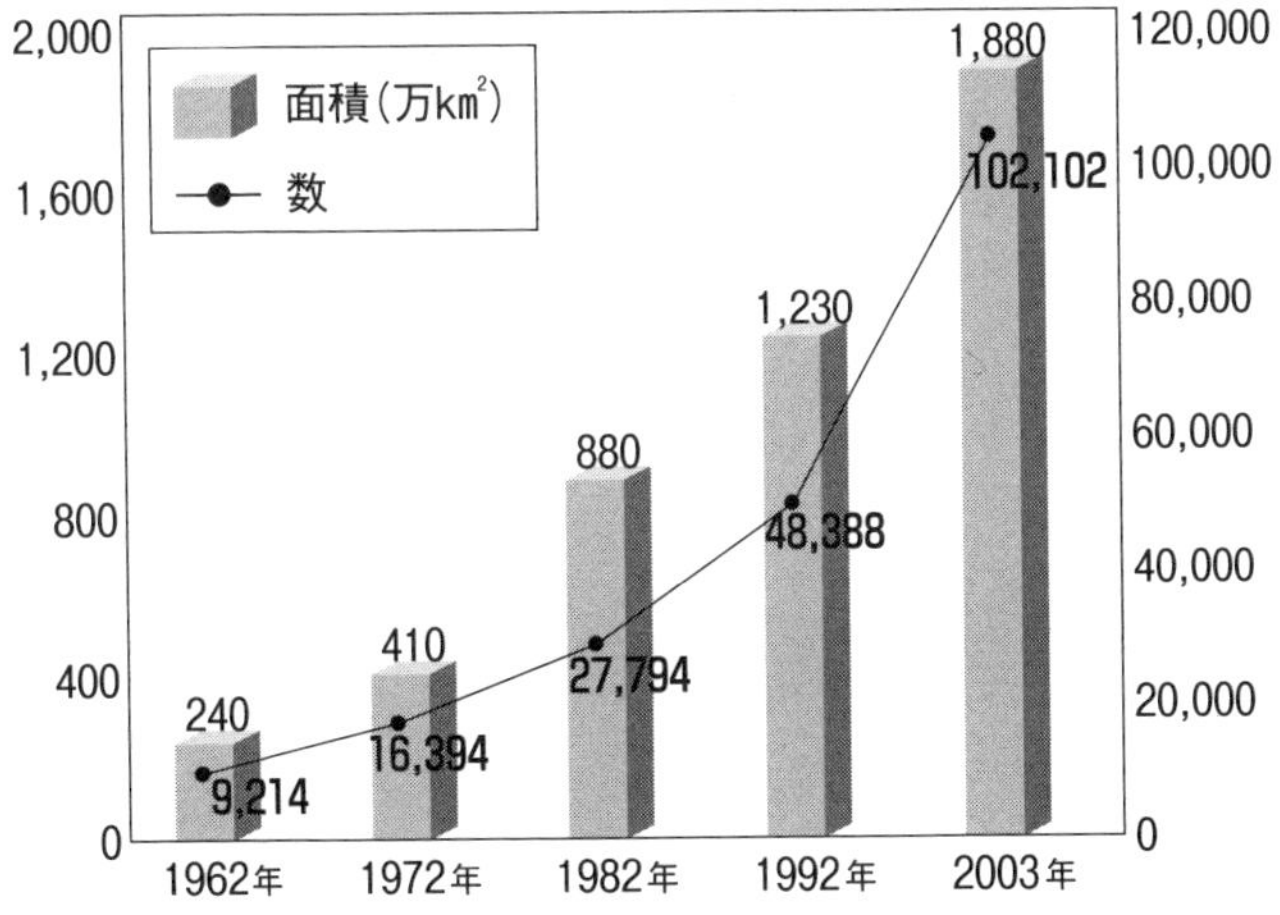

日本の場合、国立・国定公園、鳥獣保護区、森林生態系保護地域、自然環境保全地域、保護水面などがあげられるが、保護地域を表す用語は世界中に1千以上あるという。もちろん、同じ用語を用いていても、国によって目的も制度もまったく異なる場合も多くある。

そこでIUCNでは、世界の保護地域を同じ基準で包括的に扱うため、保護地域がどのような目的で設定・管理されているのかによって6つのカテゴリに分類する方法をとっている（左表）。情報不足やカテゴリにあわず分類されていないケースが多く見られるものの、数で見るとカテゴリⅢ（天然記念物）とカテゴリⅣ（生息地・種管理地域）が全体の約半数を占めている（左図「数」）。これは、両カテゴリとも1地域あたりの面積が小さく、数多く設定される傾向にあるためと考えられる。

一方、面積で見ると状況は一変し、今度はカテゴリⅡ（国立公園）とカテゴリⅥ（資源管理保護地域）が全体の約半分を占めるようになる（左図「面積」）。カテゴリⅡについては、もともと生態系や景観全体といった大面積の保護を目的としているから、結果はある意味当然と言える。トレンドとして注目すべきなのは、近年顕著に見られるカテゴリⅥの増加だろう。カテゴリⅥは、自然環境を保全しながらも地域社会による資源の持続的な利用を両立させる保護地域であり、1994（平成6）年から採用された新しいカテゴリだ。もはや、自然に手をつけないで守るいわゆる「厳格な自然保護」だけが保護地域の目指すべきかたちではなくなっている。保護地域内の資源は、地域住民の生計や文化の根っこの部

IUCN 保護地域管理カテゴリの定義

Ⅰa	厳正保護地域	学術研究を主目的として管理される保護地域
Ⅰb	原生自然地域	原生自然の保護を主目的として管理される保護地域
Ⅱ	国立公園	生態系の保護とレクリエーションを主目的として管理される地域
Ⅲ	天然記念物	特別な自然現象の保護を主目的として管理される地域
Ⅳ	種と生息地管理地域	管理を加えることによる保全を主目的として管理される地域
Ⅴ	景観保護地域	景観の保護とレクリエーションを主目的として管理される地域
Ⅵ	管理資源保護地域	自然の生態系の持続可能な利用を主目的として管理される地域

IUCN カテゴリごとにみた保護地域

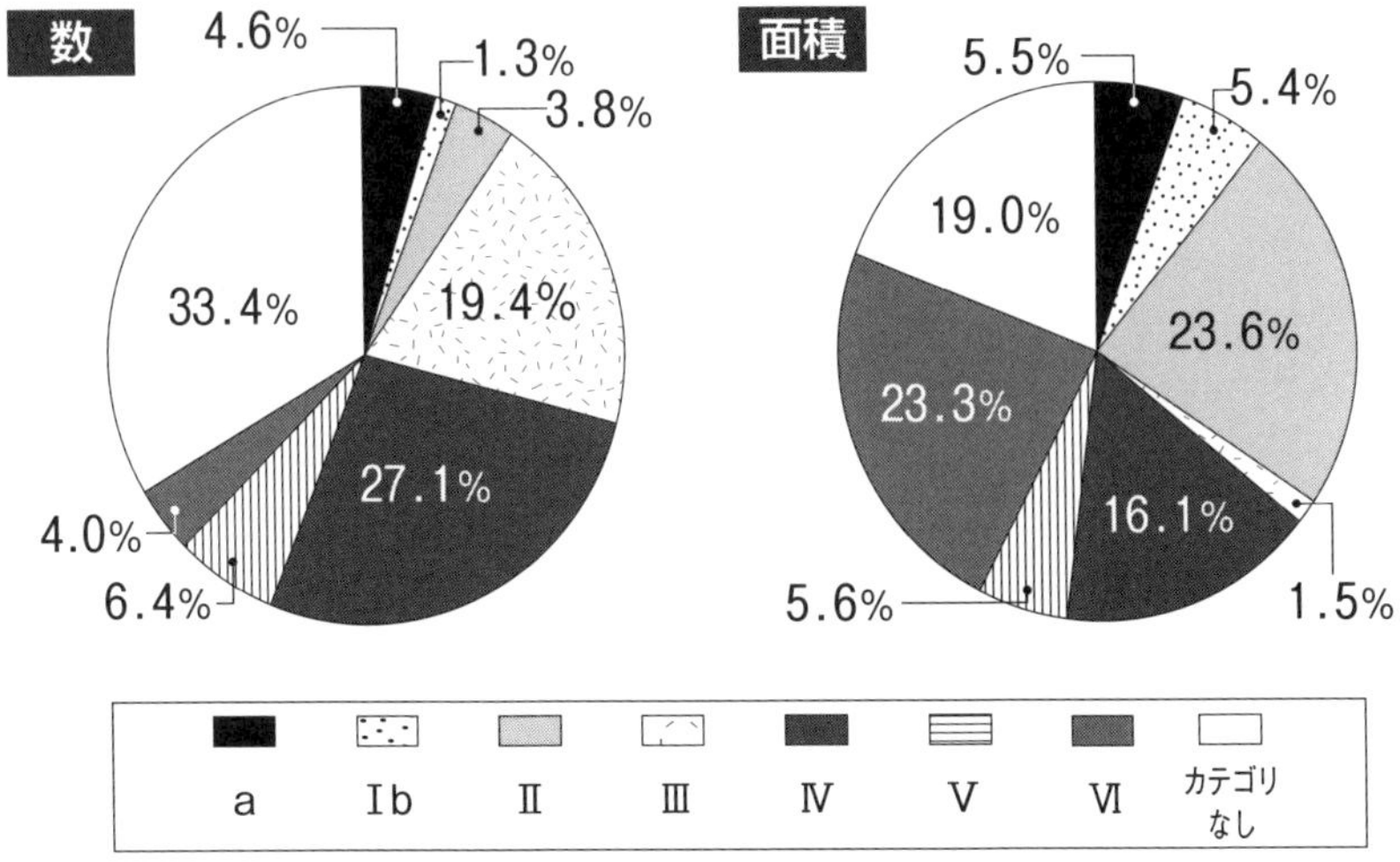

分を支えていることが多く、カテゴリⅥの増加は、地域住民と共生する保護地域のかたちを模索していく重要性について、世界的に認識されてきたことのあらわれと言えよう。

■これからのフロンティア

保護地域の設定により、自然環境や生物多様性を守ろうとしている世界中の関係者にとって、「陸上の1割以上が保護地域に」というニュースは実に讃えるべきことだ。しかし一方で、この数字に喜んでばかりいてよいのだろうか。

「国連保護地域リスト」によると、生態系の種類によって保護地域の分布にかなり偏りがあることがわかる。熱帯雨林では全体面積の23％、亜熱帯・温帯雨林では17％を保護地域が占めているのに対し、温帯草原は4・6％、湖沼は1・5％しか保護地域になっていない。また、海域は地球上の面積の3分の2を占めている重要な領域にもかかわらず、保護地域はわずか0・5％にすぎないと推定されている。生物多様性の保全上、できるだけ多くの生態系の代表的な場所が保護されるべきとされているから、まだまだ保護地域の指定は十分とは言えないのだ。

また、世界的な自然保護NGOのひとつ、コンサベーション・インターナショナルは、地球上でその地域にしか存在しない種（固有種）が非常に多く、かつ人為的な影響により危機に瀕している場所として「生物多様性ホットスポット」を選定している。マダガスカル、フィリピン諸島、ヒマラヤ山地など34か所で、日本列島も最近あらたに選定された。合計面積は陸域の2・3％を占めるにすぎないが、絶滅のおそれの高いほ乳類、鳥類、両生類の75％近くの種が存在するという。このホットスポットにおいても、まだ保護地域に含まれていない場所が広くのこされている。

■「量」から「質」へ

いまや保護地域はある程度の量を確保したが、その数字自体はそれほど意味を持たないとIUCN世界保護地域委員会議長のケントン・ミラー氏は言う。なぜなら、保護地域が自然環境や生物多様性保全の核としての役割を発揮するためには、量だけ稼いでも質がともなわなければ効果が薄いからだ。優先度の高い重要な場所が保護され、それらが生物の移動などの営みにあわせて有機的につながっている必要がある。また、保護地域に指定されたからといって、適切な管理がなされていなければ意味がない。事実、途上国の保護地域の多くは地図上にしか存在せず、管理されていないために自然破壊が進行していると言われているのである。これからは、沿岸域や生物多様性の高いホットスポットなど重要地域を優先的に保護地域に指定すること、保護地域をネットワーク化していくことが必要になる。加えて地域住民の参加を得るなどよりよい管理手法を模索することにより質を向上させ、保護地域の保全効果を目に見えるかたちにしていくこと、これらが保護地域にとって世界的な課題になりそうだ。

守分紀子

進化する保護地域

②第5回世界公園会議に見るこれまでの10年とこれから

■10年に1度の会議

1992（平成4）年の地球サミットから10年にあたる2002（平成14）年、「アジェンダ21」の取り組み状況をレビューするため、南アフリカ・ヨハネスブルグで「持続可能な開発に関する世界首脳会議」（ヨハネスブルグ・サミット）が開催されたことは記憶に新しい。

同じ南アフリカで、2003（平成15）年9月、もうひとつの10年に1度の会議が開催された。国際的なNGOである国際自然保護連合（IUCN）が主催する「世界公園会議（World Parks Congress）」だ。この会議は、日本の「国立公園の父」といわれる田村剛博士が提案し、1962（昭和37）年にアメリカ・シアトルで第1回目が開催されたのを皮切りに、ほぼ10年ごとに開かれてきた。世界中から、国立公園や保護地域に関係するさまざまな立場の人びとが集い、保護地域の現状や抱える問題、解決に向けた方策などについて意見交換する場となっている。

第5回目にあたる今回会議の開催地は、インド洋に面する南アフリカ第3の都市ダーバン。

開会式で挨拶するマンデラ前南ア大統領（左）　全体会議の様子（右）

154カ国から約3千人が参加するという空前の規模の会議となった。参加者は政府関係者やNGO、研究者に留まらず、保護地域周辺の先住民や産業界からも多くの参加があった。このことは保護地域にかかわる主体の広がりや問題の多様化を示しているといえよう。世界中からの声を集め、会議で語り共有された保護地域のトレンドについて紹介したい。

■サンクチュアリから人類の生存基盤へ

世界公園会議の前回会議は、ちょうど地球サミット開催直前の1992（平成4）年2月にベネズエラ・カラカスで開催された。それから10年、保護地域をとりまく状況は大きく変化したが、最大の出来事はなんといっても生物多様性条約の発効だろう。

従来、保護地域はややもすると「野生動植

物のサンクチュアリ」「美しい自然風景地」としてみられることが多かった。極端な言い方をすると、「絶滅に瀕した動植物を守ってあげるところ」「あるがままの自然を保護し、きれいな風景を楽しむ場所」であり、とくに途上国にとっては人間の生存には直接かかわりのない一種のぜいたく品と考えられていたのである。ところが、条約の取り組みが進み、「生物多様性」の役割が理解されるにつれて、保護地域の価値は大きく増大した。生物多様性保全の強力なツールとして重要視されるようになってきたのである。人間の生存基盤である水資源や食料、エネルギーなどは多様な生物の営み（＝生物多様性）によって生み出され保持されている。その生物多様性を支える保護地域は、人間の生存にとって欠かせない役割を担っているのだ。

２００４（平成16）年2月に開催された生物多様性条約の第7回締約国会議では、「保護地域」が主要議題となり、世界公園会議の成果もアピールされた。サンクチュアリから人類の生存基盤としての存在へと、保護地域の役割の変化は確立しつつある。

■地域との連携による管理

保護地域の管理手法にも変化が現れている。世界初の国立公園、イエローストーン国立公園を生み出したアメリカの国立公園制度は、長らく世界のお手本とされてきた。土地を国有化して国立公園を創り出す手法は各国で導入され、厳正な保護が制度化された。しかしこの手法は一方で、先祖伝来の土地を追われ資源を奪われた先住民との深刻な対立を生み出し、密猟や盗掘を招いているのである。保護地域の管理は、地域住民の理解と支援なしには成り立たないことが多くの事例から示されている。効果的な管理を行うためには、地域住民の文化や歴史を尊重し彼らの主体的な参加を得ること、そして保護地域が彼らの生活の安定に寄与していく必要があるのだ。たとえば、地域の自然・文化を持続的に活用する観光により、環境を保全し地域に利益還元を図る「エコツーリズム」はその試みの一例である。

また、最近再認識されてきたのが、はるか昔から地域住民によって持続的な資源利用がなされてきた「保護地域」の存在だ。日本でいえば、入会地のような伝統的保護地域は、人間と自然が長期にわたって共存していく知恵の結晶であることが多い。

近年では、厳正な自然保護に代わる保護地域の新たな管理形態として、資源の持続的な利用を許容しながら保全する「資源管理保護地域」や地域住民が主体的に管理する「共同体保全地域」などが世界各地で出現してきている。また、保護地域の管理に科学的な知見のみならず、伝統的な知恵を活かすことも新たなテーマになりつつあるのだ。

■境界を越えた利益

世界公園会議では、会議で焦点となるさまざまなテーマをひと言で表現するメッセージとして、会議テーマが毎回設定される。今回のテーマは「境界を越えた利益（Benefits Beyond Boundaries)」であった。ここでいう「境界」とは、保護地域の境界や国境、さら

地元民がつくった工芸品を販売しているクラフトセンター
（南アフリカ、シュルシュルウエ・ウンフォロジ野生生物保護区）

には民族や男女の壁……とさまざまな意味をもつが、おそらくこのフレーズが示すもっとも重要なメッセージは、「保護地域はその区域外にもさまざまな利益をもたらす存在である」ということだろう。人類の生存に必要な資源の供給源や文化・精神的基盤としての役割を担っている保護地域。その恩恵は保護地域内のみならず、保護地域外の人びとの生活も支えているのだ。さらに気候の安定化や遺伝資源の保存などにも寄与していることを考えれば、個々の保護地域が生み出す利益は巡り巡って世界全体が享受していることになる。

今後は、これらの「境界を越えた利益」をアピールし、より強化していくことにより、保護地域はその社会的存在価値を高めていく方向に向かうだろう。さらに言えば、保護地域は貧困や紛争、グローバル化といった社会経済的問題に対しても積極的に関連性を見出すべき段階にさしかかっている。たとえば、貧困や紛争は保護地域の管理弱体化と荒廃の大きな原因となっており、これらの問題解決は保護地域自体の保全にもつながるのだ。保護地域の課題は、ローカルだけでなくグローバルな視点で、環境問題のみならず社会経済問題としてもとらえることが必要になりつつある。

■多様化と協働の時代へ

保全資金の確保、管理能力向上、保護地域のネットワーク化など保護地域に関する課題は山積みであり、保護地域の増加にともない今後さらに複雑化するものと思われる。かつて、アメリカの国立公園制度を各国がこぞってお手本にしたような単一の「目指すべき姿」はもはや存在せず、地域の自然環境および社会経済状況に応じた制度や管理手法を模索していくことが求められているのだ。そして、地域住民や民間企業など幅広い関係者をどのように巻きこんでいくかが鍵となる。

世界は日々めまぐるしく変化している。次回会議が開催される十数年後、保護地域を取り巻く状況がどうなっているか想像もつかないが、保護地域の形態はより多様化し、広範な主体とのパートナーシップが進められていく時代になっているはずだ。

守分紀子

注　世界公園会議　http://www.iucn.org/wpc2003/

進化する保護地域
③2023年、保護地域はどうなっているか？

■シナリオで保護地域の未来を考える

20年後、あなたは一体どこでなにをしているだろうか。人生は往々にして予測できないことが起こるのだから考えても始まらないという人もいるだろう。それでも医療保険に入ったり、子どもの学資を積み立てたり、家を増築可能な構造にしたりと、将来のために備えている人も多いのではないだろうか。将来が見えないだけに、さまざまな状況を想定して、できるだけリスクを回避しチャンスを逃がさないよう準備しておこうとする。

国立公園などの保護地域の管理にも同じことが必要だと言える。対処療法的な解決策ではなく、かわりゆく自然環境や社会経済的状況を見すえた長期的・戦略的な計画が必要だ。そのためには、いろいろな状況を想定してシミュレーションをしてみることが重要である。

2003（平成15）年9月に南アフリカ・ダーバンで開催された第5回世界公園会議では、「2023年の保護地域（Protected Areas in 2023）」と題し、保護地域の未来を考えるための3つのシナリオが示された（IUCN、2003）。この「シナリオ」というのは、将来予測ではない。あくまで、可能性のあるさまざまな未来の考え方を刺激するための「お話」なのである。つまり、実現性よりも、未来の方向性をかえる力や保護地域への脅威、危機などの要素をあぶりだすことに重点が置かれている。この3つのシナリオから、よりよい保護地域管理を目指すためには、どのような戦略が必要なのか、考えてみよう。

■シナリオ1〈3つの基本政策〉

この世界では、まず伝染病が途上国で発生し、国際観光は大打撃を受ける。水や森林、鉱物資源をめぐる紛争が起こり、世界的に不安定な情勢にバイオテロが追い打ちをかけた。各国は安全保障にばく大な資金をつぎこんだため、環境保全は二の次になってしまう。

転換点は、2010年前半、水素燃料のエネルギー革命であった。これで力を得た新たなリーダーたちは、世界中を広く発展させることで貧困を減らし、安全保障への支出を抑えることに成功。一方、複雑化する世界情勢に対応するため、2012年、各国政府と民間セクター、研究者、市民グループの代表がはじめて対等な立場で集った。そして、経済発展、社会福祉、環境の持続性の3つの基本政策を追求していくことが合意され、国連に代わる新たな枠組みとして「グローバル同盟」が結成されたのだ。

この世界では、貧困の軽減と自然資源の管理が世界の安定に欠かせないことが広く認識され、環境税の導入などによって、経済的なインセンティブは大きく組み替えられた。また、保護地域は自然資源管理の核となる存在として扱われ、さまざまな管理形態がとられている。グローバル同盟は南極や公海、深海といった世界的な共有地に保護地域を設定し、保護地域の維持管理や復元の資金も大幅に増大した。

しかし、課題もまだ山積みだ。移入種問題、保護地域内の貧困や密猟、観光客による過剰利用など、あと30年は保護地域への圧力が高まると言われている。気候変動も大きな脅威だ。これらの問題に対処し、多くの利害関係者をまとめるべき管理者の能力はいまだ不足している……。

■シナリオ2〈虹〉

この世界では、貧富の差がさらに開き、反グローバリゼーションの動きが力を得る。まず世界経済の失速から深刻なデフレが起こった。各国は社会保障の支出が増大して守りの体制に入り、ふたたび貿易制限を導入。世界貿易は大打撃を受けてマフィアや豪商が横行し、紛争や内戦が頻発する混乱状態に陥ってしまったのである。国内外の観光旅行は衰退し、保護地域の多くは武装勢力の巣窟となってしまう。

さらに気候変動が混乱に拍車をかけた。干ばつにより砂漠化や湿地の乾燥化が進行し、頻発する火災で森林消失が進んだ。水資源が枯渇し川が海まで流れなくなった。氷河が溶けて海面上昇が起こり、多くの「環境難民」が発生した。

新たな動きは、若い世代から生まれた。先住民や地域の文化と権利を尊重することが世界の主流となったのである。中央政府が衰退したため、地域のコミュニティは自立を余儀なくされ、市民参加と市民社会同士のネットワーク形成が進んだ。

人びとは地域資源に依存しなくてはならないため、自然資源や生物多様性の保全は優先的に取り組むべき課題となった。20世紀型の保護地域システムは消滅し、どの共同体も周辺に保護地域をつくり、地域の論理で管理と保全が行われるようになった。人びとは生存のために保護地域を守り、管理しなければならなかったが、自然資源への圧力が許容範囲を超えることも多かった。また、ローカルな保全が進められたので、世界的に重要な地域が保護されない事態も生じた。一方、先住民の伝統的な文化や知恵を近代的な資源管理手法と結びつけることにより、先住民の「社会ルネッサンス」が起こった地域もある。人と自然との関係は地域によって著しく異なっている……。

■シナリオ３〈楽園は自分で買え〉

この世界は、経済的に弱肉強食の世界である。民間セクターは、政府に先駆けてグローバリゼーションと資源の収奪を進めていった。世界経済は全体的に成長傾向にあるが、投資は一部の優良な途上国に集中し、のこりは成長から取りのこされてしまう。経済を主軸にした流れは国連を弱体化させ、代わりに強大な多国籍企業が実権を握るようになった。

遺伝子組み替え作物による農業の拡大が生物多様性を大きく減少させ、保護地域内の鉱業開発も経済的理由で認めざるを得なくなる。つまりは、経済的論理がすべてとなり、利益を生まないものはうち捨てられた。

20世紀型の保護地域システムは厳しい経済的圧力にさらされた。生物多様性の豊かな地域を保全する動きもあったが、観光収入によって経済的に自立できる保護地域にプライオリティが置かれるようになった。こうした場所では価格つりあげのインセンティブが働き、金持ちしか訪れることができない高級な公園にかわっていった。その他の保護地域は地域住民の生活資源の供給場所として管理・利用された。

増加する都市住民は自然にノスタルジーを感じ、心の癒しを保護地域に求めた。優れた自然は価値が増大し、観光業界は政府とのあいだで保護地域の管理協定を結ぶようになった。ただし、管理は観光目的となってしまい、保護地域のバーチャル体験が人気を呼ぶなど自然アトラクションの遊園地化現象が起こった。その後、気候変動の影響が無視できなくなるにつれ、人びとは生物多様性や保護地域の役割を再認識するようになる……。

■保護地域の将来を左右する要因

これらのシナリオはやや極端な設定に感じられるかもしれない。しかし、保護地域の状況は人口動態や安全保障、貧困などの社会経済的な要因に左右されることが実感できたのではないだろうか。また、人びとの価値観によって保護地域のかたちは大きくさまがわりするということも。

われわれは無意識に今のトレンドがつづいていくことを前提に物事を考えがちであるが、シナリオはそのまちがいに気づかせてくれる。日本の状況を考えてみると、これからは経済成長が止まり、人口減少と過疎化が進展する成熟社会に入ると言われている。社会資本整備は進んだが、自然が遠い存在になり、自然資源を利用する技術や文化は風前のともしびである。将来の日本人にとって、保護地域はどのような存在になっていくのか、行政や民間セクター、市民が担う役割はそれぞれどうなるのか、シミュレーションしてみる価値はあると思う。

守分紀子

世界自然遺産に指定されている屋久島
未来の世代にとってどんな価値を持つことになるのだろう

渡り鳥とフライウェイ

■フライウェイに基づく渡り鳥の保全

「渡り鳥」とは、繁殖地と越冬地とを異にし、毎年定まった季節に移動を繰り返す鳥である。日本に視点を置いて見れば、夏に南方から渡来してくるツバメは夏鳥、冬に北方から渡来してくるカモは冬鳥、春と秋に日本を経由して通り過ぎていくハマシギやトウネンは旅鳥と呼ばれる。これを渡り鳥から見れば、たとえばトウネンは生まれは夏のシベリアで、日本や韓国、中国の大陸沿岸で餌をついばみながら南下し、冬は暖かいオーストラリアで過ごし、春になるとシベリアへ飛び立つのである。トウネンの移動距離は1万キロを超すと言われており、スズメくらいの大きさの小鳥であるが、生活する場所は地球規模に広がっている。

渡り鳥が年間を通じて行き来する経路は「フライウェイ（渡り経路）」と呼ばれている。渡り鳥は概して南北に渡りをすることが知られており、世界には3つの主要なフライウェイが存在する。日本が含まれるアジア－オーストラリア・フライウェイ（次ページ図）のほか、アメリカ地域・フライウェイおよびアフリカ－ユーラシア・フライウェイがある。

後で述べる「アジア・太平洋地域渡り性水鳥保全戦略（2001～2005）」によると、

フライウェイに基づいた渡り鳥およびその生息地の保全のための行動がそれぞれのフライウェイで行われている。たとえば、アメリカ地域・フライウェイでは、「西半球シギ・チドリ類保護区ネットワーク」により、米州全体における渡り性のシギ・チドリ類の保全の促進が図られ、「北米水禽管理計画」により、北米のガンカモ科鳥類の保全の促進が図られている。また、アフリカ－ユーラシア・フライウェイでは、「移動性野生動物の種の保全に関する条約（ボン条約）」に基づく「アフリカ－ユーラシア渡り性水鳥の保全に関する協定」の履行が進められている。

■アジア － オーストラリア経路における対策が急務

このフライウェイという生物学的システム

アジア－オーストラリア・フライウェイの範囲

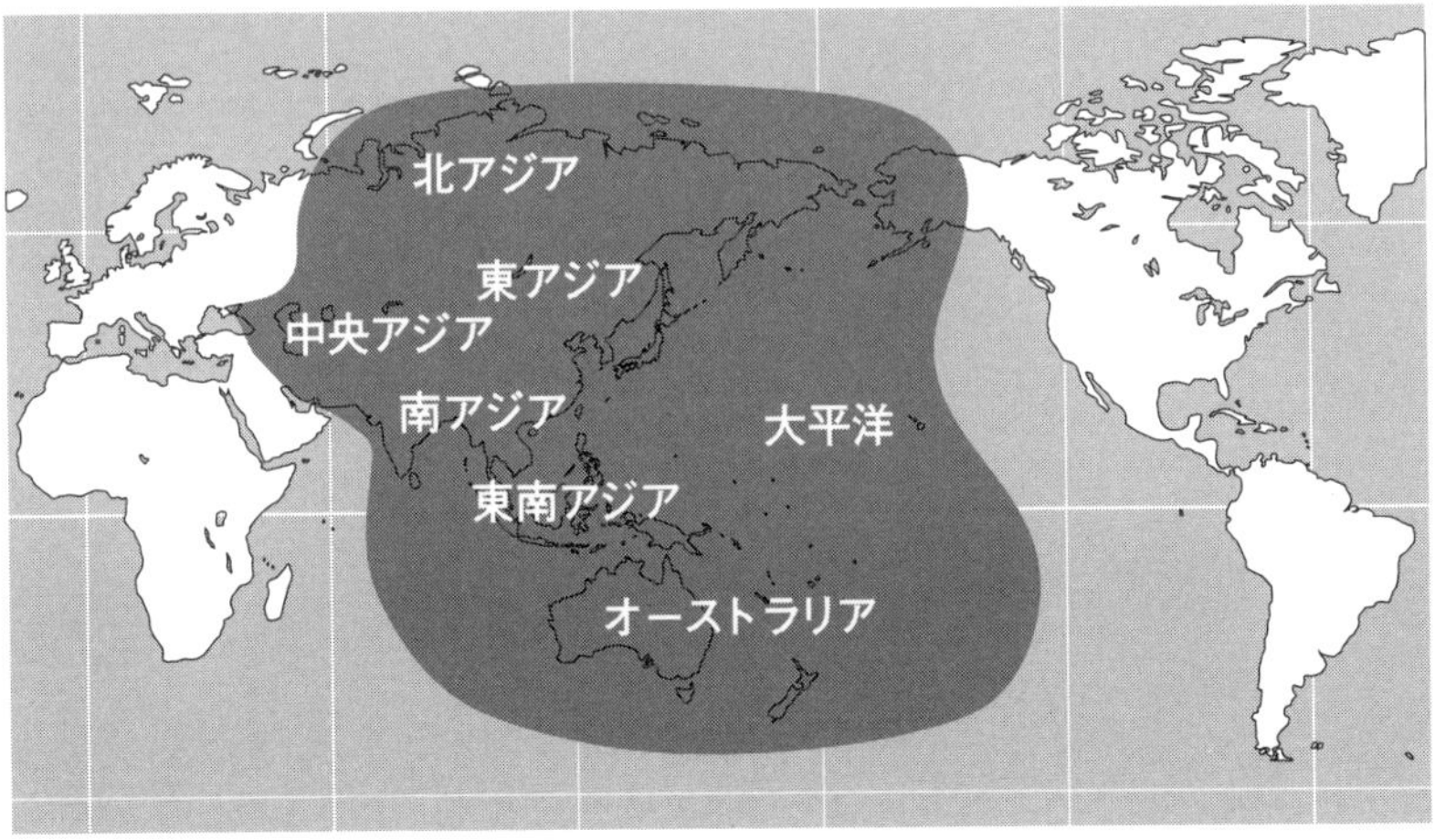

に着目し、異なる国々にまたがる水鳥保全の課題を国際的に議論するために、２００４（平成16）年４月、「世界の水鳥会議」が英国エジンバラで開催された。90カ国から約４６０人が参加したこの会議では、水鳥保全のための枠組みの歴史、水鳥のモニタリング手法、生息地の保全、人為活動との調和、狩猟および資源としての鳥類など、水鳥の保全とその持続可能な利用についてあらゆる角度から発表が行われ、活発な意見交換が行われた。

会議最終日に発表された「エジンバラ宣言」では、『水鳥とその生息湿地環境を保全する取り組みは有意義な進展を見せ、いくつもの主要な成功を導いているにもかかわらず、全体としては重要な課題がのこっており、将来的な変化による影響の流動性を考えあわせながらさらなる努力と集中的な行動が必要』としている。とくに、アジアーオーストラリア・フライウェイについては、『同フライウェイの水鳥はもっとも未解明であり、世界的に絶滅のおそれのある種もこのフライウェイにもっとも多い。世界的に人口密度のもっとも高い地域にまたがっており、保護されていない湿地はもとより保護されている湿地においてすら極度の圧力にさらされている。主要な重要湿地を効果的に保護することが必要不可欠である。重要湿地の効果的なワイズユース（賢明な利用）の確保と水鳥の資源利用を持続可能な状態にすることには、重大で厳しい課題が待ち受けている』とし、アジア・太平洋地域における水鳥の基礎的情報の蓄積と、保全のための取り組みを開始することが急務であるとされた。

■フライウェイネットワークによる連携強化

現在、アジア太平洋地域において進められている渡り性水鳥とその生息環境の保全を図るための国際的枠組みは、「アジア・太平洋地域渡り性水鳥保全戦略」である。

1994（平成6）年12月、アジアーオーストラリア・フライウェイを行き来する水鳥を保全するため、環境庁（現・環境省）とオーストラリア自然環境庁（現・環境遺産省）の共催による「東アジアーオーストラリア湿地・水鳥ワークショップ」が釧路市で開催された。議論の末にとりまとめられた「釧路宣言」に、アジア・太平洋地域の渡り性水鳥保全戦略の策定、同地域の水鳥の種類群ごとの湿地ネットワークの構築、同地域の水鳥の種類群ごとの保全のための行動計画の策定が盛りこまれた。

1995（平成7）年10月、マレーシアのクアラルンプールで開催された「国際湿地と開発会議」において、釧路宣言に盛りこまれた水鳥保全戦略を策定することが支持された。これを受けて釧路宣言を具体化するものとして、1996（平成8）年3月、アジア湿地局（現・国際湿地保全連合）と国際水禽・湿地調査局日本委員会（現・国際湿地保全連合日本委員会）が、水鳥保全に必要な行動やその優先順位を示した「アジア・太平洋地域渡り性水鳥保全戦略（1996～2000）」をまとめた。

その後、2000（平成12）年10月に沖縄県で「渡り性水鳥とその生息地保全に関する沖縄ワークショップ」が開催され、アジア・太平洋地域を中心とする世界の関係者の参加

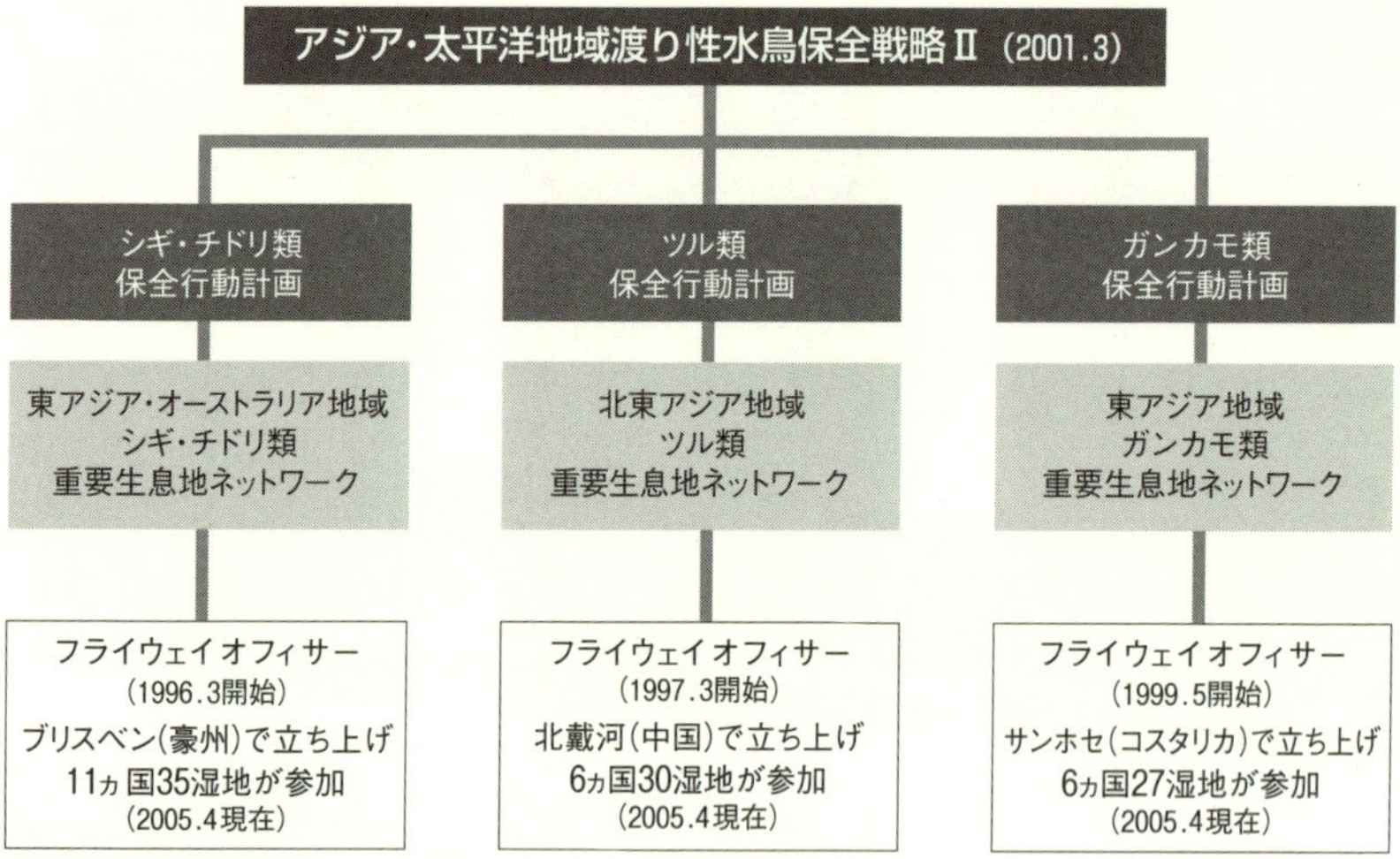

を得て、２００１（平成13）年から２００５（平成17）年のための第Ⅱ期戦略がとりまとめられ（上図）、国際湿地保全連合アジア太平洋支部（現・国際湿地保全連合）により発表された。第Ⅱ期戦略には、戦略の下に構築された３種群のフライウェイ・ネットワークが実施すべき行動計画が含まれており、各ネットワークの活動指針ともなっている。

アジア・太平洋地域渡り性水鳥保全戦略は、政府、ＮＧＯ、地域住民などの協力によって、アジア・太平洋地域における水鳥とその生息地を保全していくことを目的としている。その特徴をよく現しているのが、戦略の下に構築をつづけているフライウェイネットワークの取り組みである。これは、渡り性水鳥にとって国際的に重要な生息地から湿地管理者等の自主的な参加を得て、鳥類に関する知見および生息地管理の経験や技術の情報交換を通じて、フライウェイ全体で連携して水鳥の生息環境を保全しようとする国際協力プログラムである。ネットワークはシギ・チドリ類、ツル類およびガンカモ類の3種群について構築されており、それぞれNGOを中心にネットワークの拡大および運営が行われている。たとえば、専門家やネットワーク参加地の連絡網の整備、ニュースレター、電子メール、ホームページなどを用いた情報交換の推進、ネットワーク参加地における保全活動の質を高めるための研修プログラム、渡り性水鳥の個体群のモニタリング調査などが実施されている。

蟹江志保

アジア太平洋地域渡り性水鳥保全委員会で水鳥の保全を話しあう（撮影　シンバ・チャン）

渡り鳥ツル類ネットワーク

前章で渡り鳥とフライウェイ（渡り経路）を取りあげ、アジア太平洋地域において進められている渡り性水鳥とその生息環境の保全を図るための国際的枠組みとして、「アジア太平洋地域渡り性水鳥保全戦略」を説明した。また同戦略の下に、シギ・チドリ類、ツル類およびガンカモ類の3種群についてフライウェイネットワークが構築されていることを述べたが、このうちのツル類について詳しく見ていきたい。

北東アジア地域ツル類重要生息地ネットワークの参加地

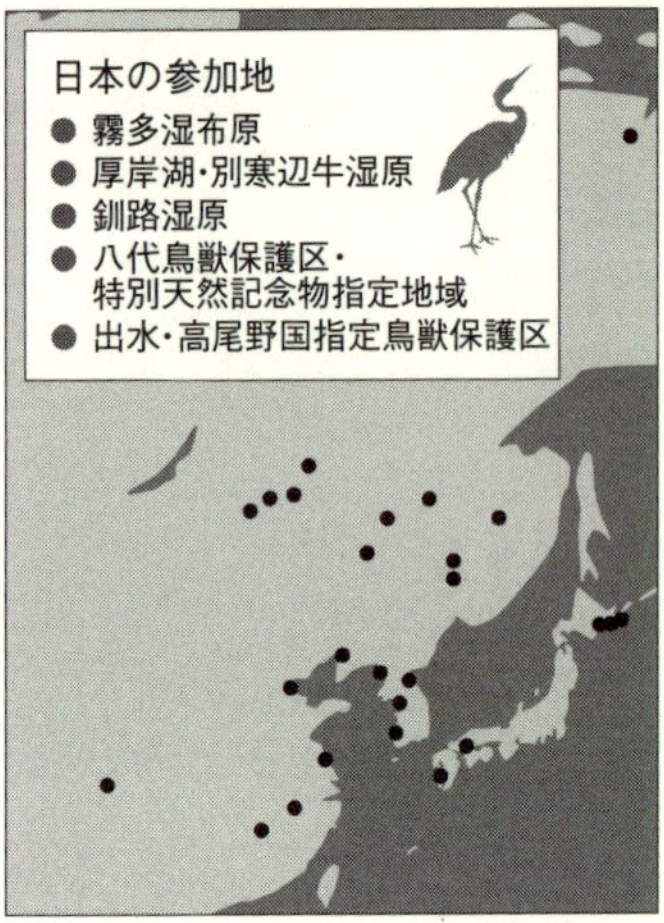

■北東アジア地域ツル類重要生息地ネットワーク

北東アジア地域におけるツル類の渡りに関係する重要な生息地同士を結びつけ、各生息地で個別に活動していた人びとの情報や経験の共有化を進めるためのネットワークが、1997（平成9）年に発足した（上図）。

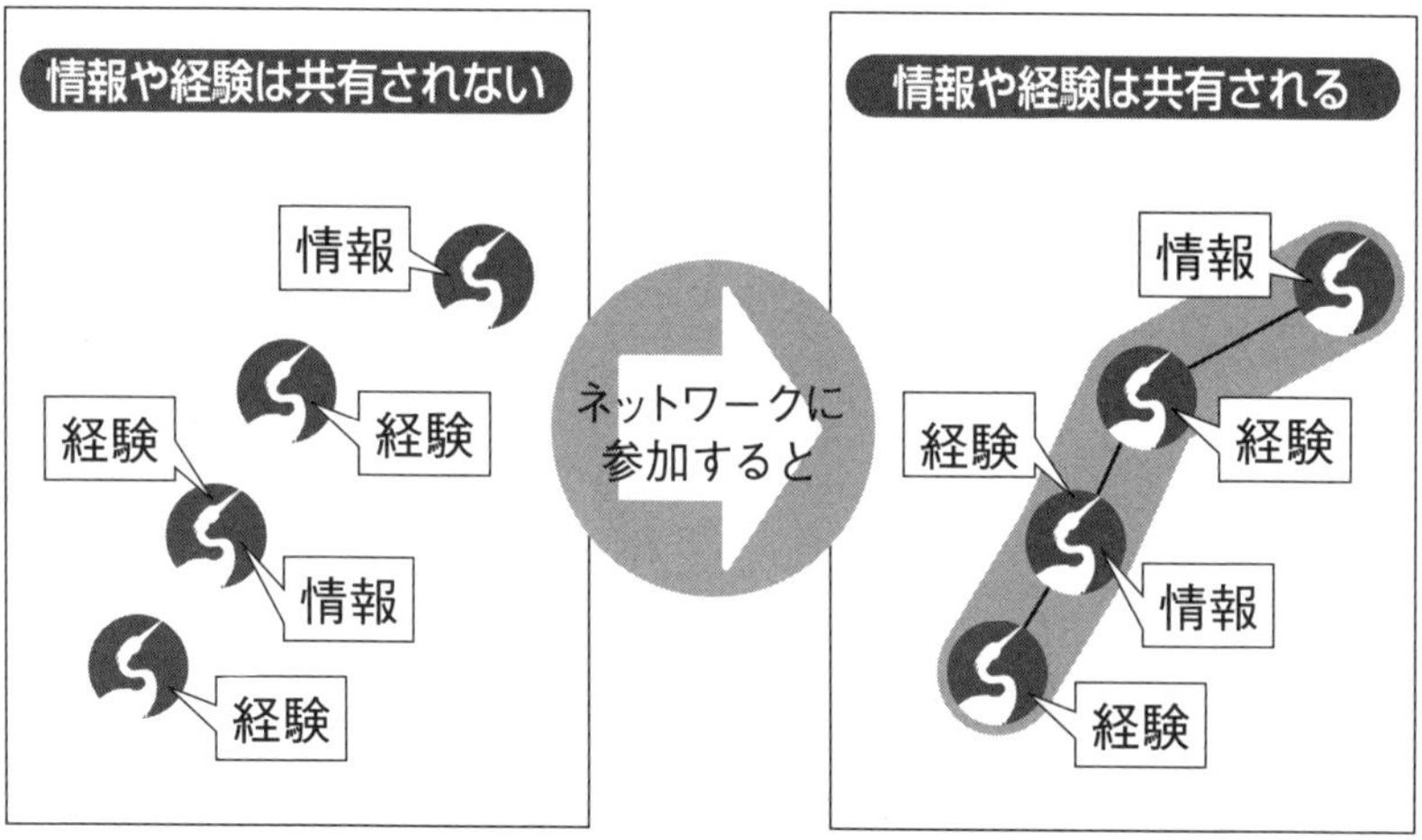

フライウェイネットワーク概念図

この背景には、世界で15種確認されているツル類のうち、10種が北東アジア地域（ロシア、モンゴル、中国、北朝鮮、韓国、日本）に生息しているといわれ、同地域がツル類の生息に重要な地域であることや、このうち6種（タンチョウ、マナヅル、ナベヅル、ソデグロヅルなど）が世界的に絶滅が危惧される状況にあって、渡り経路上にある生息地関係者が協力して保護を図る必要性が高いことがあった。

またツル類の渡り経路に関する研究が進んでいたことも関係した。北東アジア地域におけるツルに関する研究と保全活動は１９９０年代はじめから行われており、それらの結果をもとにネットワークの構築が進められていくことになった。ネットワークの発足当時、日本野鳥の会と研究者などが行ったツルの人工衛星追跡調査によって、渡りのルートと重要生息地がある程度明らかになっていた。

2005(平成17)年現在、対象6カ国において合計30の重要生息地がネットワークに参加している(242ページ図)。

■ツル類保全行動計画

北東アジア地域ツル類重要生息地ネットワークの活動を指導するために、ツル類のワーキンググループも1997(平成9)年に設立された。対象6カ国からの代表者やツルの専門家で構成されるワーキンググループは、アジア太平洋地域渡り性水鳥保全委員会の下に組み入れられた。ツル類に関する知見を有し、先進的な保全活動を行ってきた日本野鳥の会が、ワーキンググループの発足当時から同グループの先導的な役割を担ってきており、現在は金井裕氏がワーキンググループ議長を務めている。

ワーキンググループは、フライウェイネットワークの活動指針として、実施すべき項目を記述した「北東アジア地域ツル類保全行動計画(2001〜2005)」(注)を作成した。これら保全行動計画はアジア・太平洋地域渡り性水鳥保全戦略の下に位置づけられている。これら活動事項は、ツル類のフライウェイオフィサーが中心となって、各国政府、参加地方自治体や管理者、NGOなど関係者で協力して実行・促進を図るしくみとなっている。

2001(平成13)年から2005(平成17)年を対象とする現行の保全行動計画にお

いては、対象6カ国におけるネットワーク参加地の大幅な拡大、湿地および生息地の管理方法、教育・研修の実施、研究・モニタリングの促進、情報交換などについて、15の行動を提案している。行動の実行についてはフライウェイオフィサーが毎年確認を行っているとともに、適宜ワーキンググループへ報告を行い、行動促進のための助言を受けている。ツル類のフライウェイオフィサーは、ネットワーク発足当初から、日本野鳥の会のシンバ・チャン氏が務めている。また、日本国内で推進するために国内コーディネーターを設けており、現在は阿寒国際ツルセンターの松本文雄氏が務めている。

北東アジア地域ツル類保全行動計画（2001～2005）

〈目標〉
ツル類と湿地の保護のために国際協力を奨励するとともに、ツル類の保全のために世界的に重要な生息地のネットワークを築くことにより、すべてのツル類種の長期にわたる存続を確保する。

〈優先行動〉
行動1　少なくとも20カ所をネットワークに加える。ネットワークの対象地域を拡張し、オグロヅルの重要生息地と、コウノトリの保護活動地もネットワークに含める。
行動2　ネットワークの対象分類を広げて、コウノトリ類（とくにコウノトリ）を含める。
行動3　ネットワーク参加地において参加記念式典を開催し、参加証の授与を行う。

行動4　テレビドキュメント番組の作成、国際ツルの日を祝うなどして、地域全体および各国内でネットワークの活動を促進する。

行動5　十分な計画と資金獲得を行い、ネットワーク参加地での活動を支援する。ネットワークの活動は毎年点検する。

行動6　ネットワーク参加地の管理活動を効率よく行えるように支援する。

行動7　ネットワーク参加地が地元社会、研究者、NGOなどと連携することを勧め支援する。他の参加地との情報交換を活発に行う。毎年少なくとも1回の交換視察、または1回の研修を行い、管理手法の向上と交流を深める。

行動8　ネットワーク参加地内での教育、エコツーリズムおよび持続可能な利用のための指針並びに計画をつくる。教育プログラムは、フィールドやビジターセンターなど教室外で行う活動を含む。

行動9　啓発のためのパンフレット、ポスター、教材、スライドなどを作成する。

行動10　過密状態のツル個体群を分散させることの実効性を検討する。

行動11　カラーバンディング、センサス、モニタリングの統一された方法を構築する。毎年、冬季および渡りの時期にセンサスを行う。結果を取りまとめ、広く公表する。

行動12　マナヅル、タンチョウ、コウノトリの繁殖個体数を生息域全体で把握する調査を2004（平成16）年に行う。

行動13　野生のツルの死亡に関するデータ（中毒死、病死、事故などを含む）を収集し記録する。北東アジア地域のツル個体群を総括して把握するデータベースを構築する。情報は、研究者や保護活動に携わる団体が容易にアクセスできるようにする。

行動14　ニュースレターを発行し、ホームページを定期的に更新する。ネットワーク参加地が

行動15

それぞれホームページを開設するように勧め、支援する。

ネットワーク参加地間のコミュニケーションを活発にする。ツルの渡りの進行状況を知らせるメールネットワークをつくる。２００５（平成17）年までに、すべてのネットワーク参加地でメール送受信ができるようにし、少なくとも１名の職員が簡単な英語を使って、交信ができる体制を築く。

蟹江志保

国際的なワーキンググループで行われる活発な議論（上）。２００３（平成15）年8月にモンゴル・ウランバートル市で開催されたツル類保全のための国際シンポジウム「北東アジア湿地の保全および管理」（中）。ネットワーク参加証授与式。モンゴルの自治体代表にワーキンググループ議長から参加証が手渡された（下）

渡り鳥シギ・チドリ類ネットワーク

「アジア太平洋地域渡り性水鳥保全戦略」の下に構築されたシギ・チドリ類、ツル類およびガンカモ類のフライウェイネットワークについて、この章ではシギ・チドリ類について詳しく見ていきたい。

東アジア・オーストラリア地域
シギ・チドリ類重要生息地ネットワークの参加地

■シギ・チドリ類重要生息地ネットワーク

東アジア・オーストラリア地域を渡り経路とするシギ・チドリの個体群は65を超えるとされ、最低でも４００万羽が渡っているという。シギ・チドリ類の多くは、干潟や海岸などの沿岸部を中継地や越冬地として利用している。と同時に、沿岸部は人口の多くが集中し、干拓地や埋立地、水産養殖場として高度に利用されている場所でもある。したがって、東アジア・太平洋地域におけるシギ・チドリ類に対する脅威のなかでもっとも問題とされているのは、生息地の消失である。この他にも、水質汚染やかんがい事業による生態系への影響、えさとなる底生生物を対象とした漁業や狩猟などが共通した脅威として指摘されている。この一方で、シギ・チドリ類の重要な渡来地の保全はあまり進んでいないのが現状である。オーストラリアを除いて、東南アジアから日本を含む東アジアにかけての地域では、大規模な渡来地で保護区となっているところは数えるほどしかないのである。

このため、東アジア・オーストラリア地域におけるシギ・チドリ類の渡りに関係する重要な生息地同士を結びつけ、各生息地で個別に活動していた人びとの情報や経験の共有化を進め、ゆるい枠組みのなかで保護を促進していくためのネットワークが１９９６（平成８）年に発足された。シギ・チドリ類はもっとも長い渡りを行う鳥類のひとつであるため、ネットワークの対象となる国は３種群のなかでもっとも多く、十数カ国（ロシア、中国、韓国、日本、ベトナム、タイ、インドネシア、マレーシア、シンガポール、パプアニューギニア、オーストラリア、ニュージーランドなど）である。

２００５（平成17）年現在、11カ国において合計35の重要生息地がネットワークに参加している（右図）。

■シギ・チドリ類保全行動計画

東アジア・オーストラリア地域シギ・チドリ類重要生息地ネットワークの活動を指導するために、シギ・チドリ類のワーキンググループも1996（平成8）年に設立された。政府または非政府機関より選出された8人のメンバーで構成されるワーキンググループは、アジア太平洋地域渡り性水鳥保全委員会の下に組み入れられた。現在はWWF香港のリュウ・ヤング氏がワーキンググループ議長を務めている。

ワーキンググループは、フライウェイネットワークの活動指針として、実施すべき項目を記述した「東アジア・オーストラリア地域シギ・チドリ類保全行動計画（2001〜2005）」（注）を作成した。保全行動計画はアジア・太平洋地域渡り性水鳥保全戦略の下に位置づけられている。これらの活動事項は、シギ・チドリ類のフライウェイオフィサーが中心となって、各国政府、参加地方自治体や管理者、NGOなど関係者で協力して実行・促進を図るしくみとなっている。

2001（平成13）年から2005（平成17）年を対象とする現行の保全行動計画においては、ネットワーク参加地の大幅な拡大、ネットワーク参加地の適切な管理、シギ・チドリ類に関する基礎的知見の拡充について、14の行動を提案している。行動の実行についてはフライウェイオフィサーが毎年確認を行っているとともに、適宜ワーキンググループへ報告を行い、行動促進のための助言を受けている。シギ・チドリ類のフライウェイオフィサーは、ネットワーク発足当初から国際湿地保全連合オセアニア支部が担当しており、現在はウォーレン・リー・ロン氏である。

また日本ではシギ・チドリ類ネットワーク保全行動計画を国内で推進するために、シギ・チドリ類国内コーディネーターを独自に設け、ＷＷＦジャパンがその役割を担ってきた。現在は天野一葉氏が国内コーディネーターを務めている。新規参加地の支援、フライウェイオフィサーとの連絡をはじめ、シギ・チドリ類のモニタリング調査や、シギ・チドリ類や湿地について学ぶ環境教育プログラム「地球を旅する渡り鳥たち」の普及を行っている。

東アジア・オーストラリア地域シギ・チドリ類保全行動計画（２００１〜２００５）

〈目標〉

国際的に重要な渡り性シギ・チドリ類の生息地の適切な管理のネットワーク構築を通じ、アジア太平洋地域におけるシギ・チドリ類の長期的保全を達成する。

〈優先行動〉

行動１　新たに74カ所の生息地をネットワークに追加する。

行動２　対象とするすべての国から少なくとも１カ所の生息地がネットワークに参加する。

行動３　ネットワークの発展のための適切な計画をつくり、資金を確保する。

行動４　生息地の管理者が、モニタリング、管理計画作成、生息地管理、普及啓発、教育プログラムおよびプロジェクト管理の研修に参加する機会を提供する。

行動5　地域社会のための普及啓発および教育活動に関するプログラムや教材を生息地管理に提供する。

行動6　新たなネットワーク参加地を対象に、管理組織、政府および地域社会の参加を得て参加証授与式を実施する。

行動7　ネットワーク参加地のための管理計画策定を推進する。

行動8　重要な地域（黄海など）におけるシギ・チドリ類保全の必要性を述べる特別なプログラムを策定する。

行動9　「渡り経路管理アプローチ」プロジェクトのモデルを実施する。これは、相当範囲のネットワーク参加地を重要な生息地として利用している種について行われるものであり、湿地管理者に対する一連の研修を含む。

行動10　生息地管理者、研究者およびNGO間の情報交換を推進する。これは、既存の刊行物、ニュースレター、電子メールおよびウェブサイトなどの利用による。

行動11　シギ・チドリ類個体群のモニタリングのための確実な方法の実行を支援し、また優先度の高い国における実施プロジェクトを計画する。

行動12　国際的に重要な湿地を特定するためのプロジェクトを計画・実施する。とくに、以下について考慮する。

・とくに知見の少ない中国、北朝鮮、ミャンマー、バングラデシュおよびパプアニューギニアを対象とする。

・ヘラシギ、カラフトアオアシシギなど、絶滅のおそれのある種を対象とする。

行動13　カラーフラッグの利用に焦点を当てつつ、シギ・チドリ類の渡りに関する既存のプロジェクトを支援するとともに、新たなプロジェクトを開始する。また、フラッグのつけられた鳥の観察報告について、地域社会の関与を最大限に高めることを求める。

行動14　渡り経路におけるシギ・チドリ類個体数を推定するためのデータベースを構築する。また、シギ・チドリ類と国際的に重要な生息地の現状について取りまとめ、公表する。

蟹江志保

2004（平成16）年9月12日に名古屋で開催された「藤前干潟」のネットワーク参加証授与式。松原武久名古屋市長に、フライウェイオフィサーから参加証が手渡された（撮影　鶴田法仁氏、上）。2003（平成15）年12月に漫湖水鳥・湿地センターで開催された「湿地学習コーディネータ養成講座」（写真提供　WWFジャパン、中・下）

渡り鳥ガンカモ類ネットワーク

数章にわたり紹介してきた「アジア太平洋地域渡り性水鳥保全戦略」。最後を飾るのはガンカモ類のフライウェイネットワークである。

■東アジア地域ガンカモ類重要生息地ネットワーク

ガンカモ類は、北極圏のツンドラ、高緯度のタイガの林内の湿地や中緯度の広葉樹林内の湿地などで繁殖し、内陸の湖沼、河川、水田地帯から内湾、さらには外洋において越冬しており、種類によってさまざまな環境に生息しているが、近年では樹木の伐採や地球温暖化にともなう海面上昇などによる営巣環境の喪失が種の生息に対する脅威となっている。

わが国においては、かつては東京湾などの内湾の広大な干潟も多種のガンカモ類が多数生息する最適な環境のひとつだったが、それらのほとんどはすでに失われ、現在内湾に大きな群れで生息するガンカモ類はほとんどスズガモなどの潜水性の種類だけになってしまった。わが国の内陸の湿地で越冬するガンカモ類にとっては、湖沼や河川の遊水

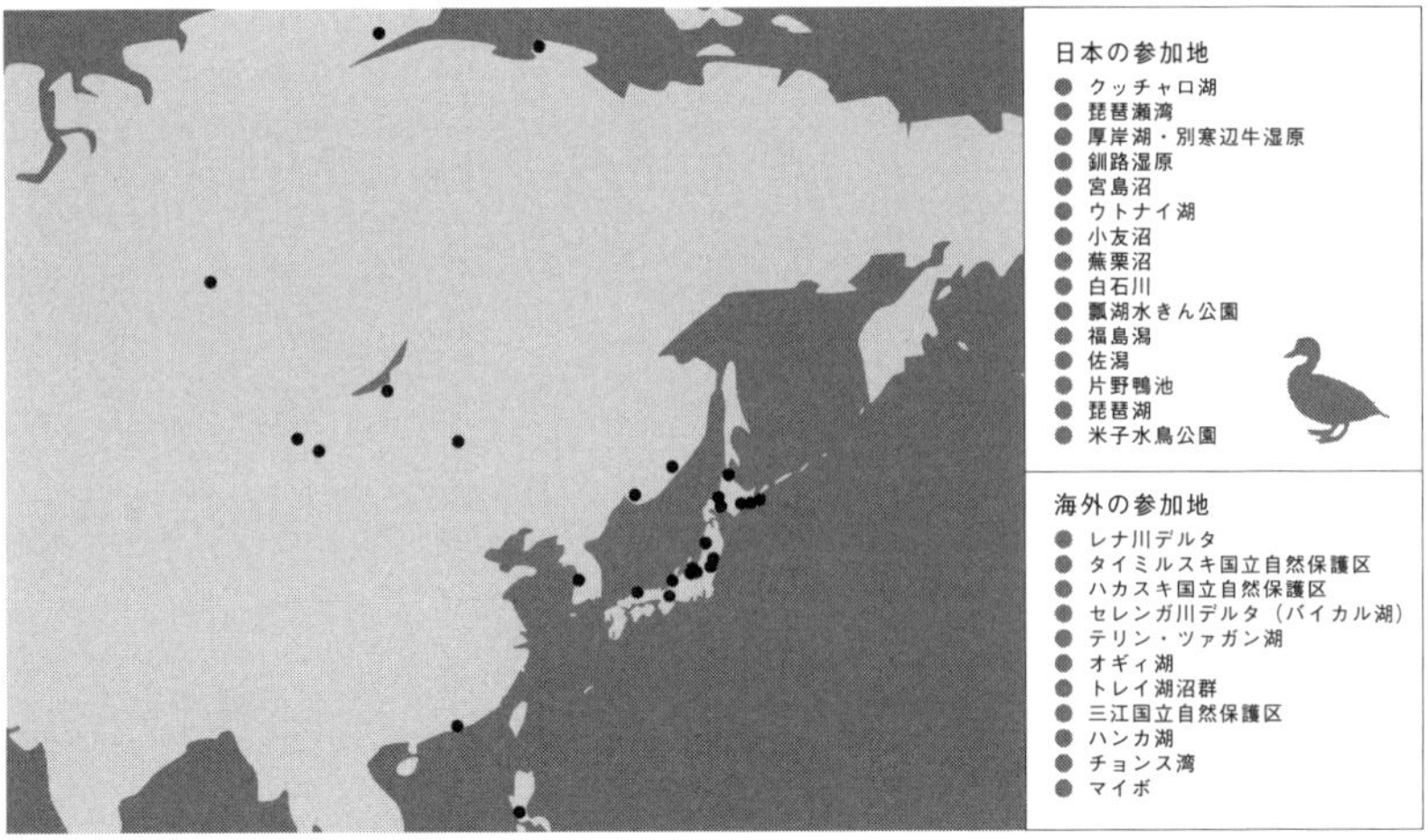

東アジア地域ガンカモ類重要生息地ネットワークの参加地

地などの干拓による生息環境の喪失がその生息範囲を狭めてきた。とくにガン類はその定期的な越冬範囲がきわめて局地的になり、かつては南は九州まで日本全域に広く渡来していたものが、現在では太平洋側は宮城県以北と霞ヶ浦周辺のみ、日本海側は琵琶湖北部より北の地域と宍道湖・中海周辺のみになってしまった。

北はロシア東部や米国アラスカ州から、南はタイからフィリピンにかけての範囲を渡るガンカモ類には47種があり、このなかで保全の優先度が高い種は12あるという。東アジア地域におけるガンカモ類の渡りに関係する重要な生息地同士を結びつけ、各生息地で個別に活動していた人びとの情報や経験の共有化を進めるためのネットワークは、国際協力を通じて東アジア地域を渡るガンカモ類とその生息環境の長期的な保全を達成することを使命として、1999年(平成11)に発足された。

2005(平成17)年現在、対象6カ国において合計27の重要生息地がネットワークに参加している(前ページ図)。

■ガンカモ類保全行動計画

ガンカモ類のフライウェイネットワークの活動指針としての「東アジア地域ガンカモ類保全行動計画(2001~2005)」(注)は、国際湿地保全連合の「ガンカモ類作業部会」が起案したものである。同作業部会は、現在ではアジア太平洋地域渡り性水鳥保全委員会の下でのワーキンググループとしての役割も果たしている。とくにガン類に関する知見を有し、先進的な保全活動を行ってきた「日本雁を保護する会」が同グループの先導的な役割を担ってきており、呉地正行氏がワーキンググループ議長を務めている。

保全行動計画においては、ネットワークの拡大と参加地間の姉妹提携促進、東アジア地域で絶滅のおそれのあるガンカモ類の保全、教育素材や教育プログラムの開発、研修プログラムの実施、モニタリング・各種評価の推進、人と情報の交流などについて、13の行動を提案している。行動の実行についてはフライウェイオフィサーが毎年確認を行っているとともに、適宜ワーキンググループへ報告を行い、行動促進のための助言を受けている。ガンカモ類のフライウェイオフィサーは、ネットワーク発足当初から、日本雁を保護する会の宮林泰彦氏が務めている。また日本では保全行動計画を国内で推進するために、国内コーディネーターを独自に設け、(財)中海水鳥国際交流基金財団の神谷要氏が務めている。フライウェイオフィサーとの連絡をはじめ、国内向けニュースレターを発行している。また優先行動5を支援するためにワーキンググループ内にトモエガモプロジェクトチームが立ちあがっており、日本チーム事務局を加賀市鴨池観察館の田尻浩伸氏が担当している。

東アジア地域ガンカモ類保全行動計画（2001〜2005）

〈目標〉
国際協力をとおして、東アジア地域を渡るガンカモ類とその生息環境の長期的な保全を達成すること。

〈優先行動〉
行動1　各国からネットワークへの参加を得る。東アジア地域の重要生息地の10％以上を含むことを目標とする。
行動2　参加地の姉妹提携を図る。
行動3　参加地の保全計画の策定を奨励する。

行動4　生息環境のモニタリングに基づいて、参加地の保全のための情報シートとデータベースを開発する。
行動5　東アジア地域で絶滅のおそれのあるガンカモ類のうちサカツラガンとトモエガモに対する行動計画を策定する。
行動6　ガンカモ類の保全を促進することができるような教育ツールを開発する。
行動7　参加地周辺の地域社会の啓発のために、参加地での教育プログラムを開発する。
行動8　参加地の関係者が、種のモニタリングや生息地の保全にかかる既存の研修プログラムに参加できるようにし、また研修活動を開発し実施する。
行動9　各個体群にとっての重要生息地の見きわめを促進する。
行動10　東アジア地域のガンカモ類個体群のモニタリングを促進する。
行動11　標識や送信機を用いた渡りの調査プロジェクトを促進する。
行動12　狩猟圧の評価に取り組み保全の必要性を探る。
行動13　参加地の活動を支援するために、関係者のネットワークを築き、関係機関の連携を図り、また情報の交換を促進する。

蟹江志保

（左ページ写真　上から）2003（平成15）年10月に韓国・ソサン市で開催された第4回ガンカモ類ワーキンググループ会合（撮影　宮林泰彦氏）／ネットワーク参加地のひとつ、片野鴨池。冬にはマガン、オオヒシクイなど数多くのガンカモ類が飛来する／ボランティアグループ鴨池たんぼくらぶの稲刈り。付近の水田では1996（平成8）年から冬期湛水も行われている（提供　日本野鳥の会）

아시아-시베리아 오리·
2003 International Anatidae Symposium In
제4회 오리·기러기네트워크 워킹그룹
(With 4th Meeting of Anatidae

おわりに　土建国家から柞《ははそ》の森づくりへ

平野　喬

私は、人の心を動かした環境標語の最高傑作は「森は海の恋人」だと信じている。地球の大循環や生態系の複雑なシステム、生物の多様性やいのちの連鎖などの神秘を、こんなに簡潔明瞭に、それもなんとなく心弾む語感で表現しているスローガンはほかにない。

言葉の生まれ故郷をたどっていくと、

「森は海を　海は森を　恋いながら　悠久の愛　紡ぎゆく」

という歌だという。宮城県の北陸前、手長山麓に住む歌人、熊谷龍子さんの作だ。森の民である熊谷さんと海の民との出会いについては、気仙沼発の「森は海の恋人」運動を全国に知らしめた海の民、畠山重篤さんの著作に詳しいが、「森の民と海の民の出逢い」が紡ぎだした愛の標語だ。

ルール違反になるかもしれないが、熊谷さんの歌をもうひとつ紹介させていただきたい。

私のいる（財）地球・人間環境フォーラムでは、生物多様性の大切さを広く伝えるため、日本人の心をとらえる「大和言葉を探そう」という環境省の研究会にかかわっているが、参加しているジャーナリストの多くが、「生物多様性」に替わる適切な言葉探しに苦労している。そんな時に、また、熊谷さんの次のような歌に出くわした。

クヌギやコナラの古称を柞《ははそ》というそうだが、熊谷さんの柞《ははそ》の森という題の歌に、

「生きていて寡黙なるもの　筆頭に先ず樹々たちを挙げねばならぬ」

言葉の前に言葉を失ってしまう。

寡黙なるものの営みに、五感を全開して接し、畏敬の念をもつことから始めないことには、大和言葉など見つからない。

□

もうひとつ、お役所の発行物が発信したメッセージで、私の知るかぎりこれが最高傑作だと思う「環境標語」がある。

「いのちは創れない」

サブタイトルとして、小さく新・生物多様性国家戦略とある。

新・生物多様性国家戦略をわかり易く紹介した小冊子［2002（平成14）年5月発行］の表紙の絵は、江戸中期の画家・伊藤若冲《じゃくちゅう》の「池辺群虫図」。池のほとりにあるひょうたんの葉に、とかげ、とんぼ、ちょう、ばった、葉を食べる毛虫、おたまじゃくしやはちなど、じつに多くの生き物がのびのびと描かれている。

こんな表紙だけでも、お役所の出版物としては大変ユニークだが、「いのちは創れない」

というタイトルには、お役所内で相当の議論があったという。

池辺群虫図に描かれている生き物たちは、トキでもニホンオオカミでもない、小さないのちたち。私たち人間はそんな虫たちの「いのちは創れない」ことを忘れ、そんな小さないのちたちによって、自分たちが生かされていることはもっと忘れている。

生物多様性の大切さ、その核心をづばりと表現した言葉に、「負けたなー」と落ち込んだ記憶がある。

環境省の担当者は、この小冊子のタイトルを、私たちからも募集した。「お役所らしからぬネーミングを」と言われていたが、私が応募したのは「メダカやトキのいる国づくり」。

「いのちは創れない　新・生物多様性国家戦略」の表紙　（編集・発行　環境省自然環境局）

伊藤若冲筆　「池辺群虫図」（部分）
（『動植綵絵』より）

伊藤若冲（じゃくちゅう　1716～1800）は、あざやかな色彩、写実的で斬新な画風で知られる江戸時代中期の画家である。身の回りの動物や植物、魚介類などを生き生きととらえた作品を多く残し、この図がふくまれる「動植綵絵（さいえ）」30 幅は傑作として名高い。
この図には、瓢箪（ひょうたん）の葉陰に雨蛙や蜥蜴（とかげ）や蝶、飛蝗（ばった）や蜂が飛びかい、毛虫が葉を食べるさまなど、まさに多様な生物が描かれている。
（宮内庁三の丸尚蔵館所蔵）

※『いのちは創れない』裏表紙解説部より転載

もちろん落選してしまったが、自分のかかわるグローバルネット誌上では、悔しさ紛れにこのタイトルで連載を開始した。

□

グローバルネットの連載は、「いのちは創れない」といったメッセージを発信する若きレンジャーたちに「思いのたけを書いてもらいたい」と、当時の小野寺浩・審議官（現自然環境局長）に頼み込んで実現したものだ。

筆者の池田和子さん、守分紀子さん、蟹江志保さんは、環境省の若き研究者やレンジャーで、新・生物多様性国家戦略づくりにかかわった新進気鋭の女性３人である。ただでさえ山積みの日常業務をこなしながら、３年間にわたって毎月の連載を重ねてくれた。

いわゆる「お役所もの」でこんなに長期連載になったのは、15年前にグローバルネットを創刊して以来、はじめてである。

豊かな自然に恵まれ、ヨーロッパの国々に比べると圧倒的に多様な哺乳類や両生類の固有種が生息している日本列島。その日本列島で、たとえば奈良県、三重県にまたがる吉野熊野国立公園の大台ヶ原では、シカの食害でトウヒの原生林が枯れはじめ、生態系のバランスが崩れているという。

1平方キロメートルに３～５頭しかすめないとされるシカが、大台ヶ原では30頭もいるという。日本のあちこちで、こうした生態系のアンバランスによる自然破壊が進んでいる。

人間がどのようにかかわっているか、本書では科学的に言及されている。わが国の自然の状況が詳しく紹介され、この10年の自然保護行政の歩みについてもかなり客観的に記述されている。

２００４（平成16）年12月に連載が終わった時、せっかくのシリーズを本にできないだろうか、とひそかに期待していた。しかし、本を出すなど生半可の決断では踏み切れないし、どちらかといえばお堅い内容の出版物には、ほとんどの出版社は消極的だ。

そんな矢先、清水弘文堂書房の礒貝社主から電話をいただいた。同社が編集をしているアサヒ・エコブックスのシリーズに入れたいというお話だった。アサヒビール（株）の出版文化活動として行われているアサヒ・エコブックスは、「売れる本」より「出したい本」を世に問うという出版活動と理解していた。

願ってもない話だし、「礒貝社主の気がかわっては大変」と、その日のうちに小野寺自然環境局長に面会し、出版を快諾していただいた。ことがうまく運ぶ時は、こんなにもトントン拍子に進むものかと有頂天の気分だった。

□

2月、第1回の編集会議にこぎつけた。礒貝さんが主宰する集まりは、談論風発、とにかくだれにでも好きなように発言させるのがねらいで、途中でビールが入ろうものなら、ますますバリアフリーになる。

上智大学探検部の創設者で、世界を貧乏旅行した作家で、旅人で、編集者で、夢追人で……。私が「絶滅危惧種」などと形容しても笑い飛ばしてくれる礒貝さんならではの集まりとなる。

そこに、礒貝さんの好敵手、清水弘文堂書房の役員で、大学教授で、ジャーナリストで、日本の農漁村をフィールドに活動する民俗学者・文化人類学者でもあるカナダ人のあん・まくどなるどさんが加わると、ホンネでモノを言わないと損をするような、飾らない言葉の飛び交う場所になる。

そんな集まりで、本の題をどうするかという、一番避けたいところに話題が行ってしまった。尊敬するあんさんから「『メダカやトキのいる国づくり』はどろくさいね。とくに国づくりというのは」

ガツーン。「国づくり」というあたりに、あんさんは「土建国家の公共事業」をイメージしたにちがいない。新・生物多様性国家戦略、自然再生事業のスタートなど、土建国家からの脱皮を図ろうとするこの国の姿を紹介するシリーズなのだから、たしかにもっとふさわしいテーマが必要だった。

□

折から、2005(平成17)年2月、国連の「ミレニアム生態系アセスメント」が発表された。地球上で現在のような自然資源の利用をつづけていると、2050年までに、現在残されている草地や森林の20％が破壊され、「人間の生活自体が立ちいかなくなる」と警告している。地球の温暖化や開発行為など、人間活動が生物の絶滅速度を千倍も速めているという。自然再生を柱にした国づくりに一刻の猶予もない。

本書の題名は「□生物多様性を考える　1□　いのちは創れない――メダカやトキのいる国づくり」。やっと、落ち着くところに落ち着きました。多くのみなさんに感謝します。

（財団法人地球・人間環境フォーラム専務理事／グローバルネット編集長）

2005年3月

資料編　新・生物多様性国家戦略

（環境省自然環境局作成パンフレット『いのちは創れない』より）

2002（平成14）年3月27日の地球環境保全に関する関係閣僚会議決定の全文は700枚（400字詰め原稿用紙換算）以上の分量がある。それを環境省自然環境局が、一般の人向けに、わかりやすくダイジェストして、『いのちは創れない——新・生物多様性国家戦略』〔編集協力・㈱日本アート・センター　デザイン・刑部一寛（ブラフマン）〕というパンフレットとして発行した。ここでは、その本文のみ（図表・写真はのぞく）を資料としてそのまま転載する。

いのちは創れない

新・生物多様性国家戦略

ゆたかな四季と生物の国——日本

西の空があかね色に染まり、群れをつくった渡り鳥がシルエットとなって飛んでいきます。涼風が路傍の草花をわたる夕暮、荻《おぎ》がさやぐ音は「荻《おぎ》の声」といいならわされてきました。

四季をもち、四季とともに生きる文化を育んできた日本には、多くの動物が棲み、さまざまな植物が息づいています。3000以上もの大小様々な島々からなる日本列島とそれらを取り巻く海には、名前がついているものだけで9万種、知られていないものをふくめると、20万から30万種の生物が生息するといわれています。

このような生物を、開発などによって絶滅させることのないよう、「新・生物多様性国家戦略」が定められました。人間と自然がバランスよく暮らしていくための、わが国でただひとつのもっとも基本的な提案です。

「新・生物多様性国家戦略」とは

1992（平成4）年、ブラジルのリオデジャネイロでの地球サミット開催にあわせて、「気候変動枠組条約」とともに「生物多様性条約」が採択されました。この条約では、生物の多様性を遺伝子、種、生態系の3つのレベルでとらえ、いずれも保全する必要があるとしています。

1980年代に、世界の熱帯雨林が猛烈なスピードで伐採されました。1年間に、日本国土の4割くらいにあたる面積の森林が失われたといわれています。森林の破壊は、同時に膨大な量の生物を絶滅させることでもありました。

種の絶滅に対する危機感から、地球上の生物種を保全するための国際的な対策がもとめられました。これが、「生物多様性条約」の結ばれた理由で、2002（平成14）年3月現在で183か国が加盟しています。

日本は、条約採択の翌年に加盟し、条約の規定に基づいて1995（平成7）年に「生物多様性国家戦略」をつくりました。この計画を根本的につくり変えたのが「新・生物多様性国家戦略」で、2002（平成14）年3月27日に策定されました。

生物多様性保全の現状――3つの危機

地球に生物が誕生してから40億年、生物は氷河期など環境のダイナミックな変化に適応しながら進化し、種を分化させてきました。地球上に存在する生物種は3000万種、あるいはそれ以上ともいわれています。

長い歴史のなかで絶滅した種も数多くありますが、わたしたちが考えなければならないいちばんの問題点は、人間の行為が一方的に生物に影響をあたえ、絶滅まで引き起こしているということなのです。

わが国の生物多様性の危機は、つぎの3つに大別されます。

第1の危機

人間の活動や開発が、種の減少・絶滅、生態系の破壊・分断を引き起こしていることです。捕獲・採取による個体数の減少、森林の開発、埋め立てによる海の破壊、汚濁した排水による生態系の破壊などがこれにあたります。

日本に生息生育する脊椎《せきつい》動物、維管束《いかんそく》植物の約2割が絶滅危惧種となっています。最後の1羽となってしまった日本産のトキは、この典型的な例です。

第2の危機

第1の危機とは逆に、自然に対する人間の働きかけが減っていくことによる影響です。

田園地帯の里山やススキが生い茂る草原は、薪炭材、肥料としての落葉、家畜飼料、屋根葺《ふ》きの材料などを得る場所として、多くの利用価値をもっていました。しかし、石油や新建材・化学肥料の登場によって、このような利用の必要がなくなり、里山や草原は管理されないまま放置されることになりました。

長い年月、人手が入ることによって生物多様性のバランスを保ってきた里地里山は、人間が干渉しないことによって、かえって危機をむかえているのです。絶滅危惧種のじつにほぼ5割は里地里山に生息し、わたしたちが昔から親しんできたメダカまでもが絶滅の危機にあります。

第3の危機

移入種や化学物質による影響です。

近年、マングース、アライグマ、ブラックバスなど、人間によって外国からもちこまれた種が、地域固有の生物や生態系にとって大きな脅威となっています。その影響も、マングースやブラックバスの場合は捕食、タイワンザルの場合は在来近縁種との交雑、ノヤギの場合は植生破壊などとさまざまですが、絶滅危惧種にはこれら移入種の影響をうけているものが少なくありません。

また化学物質のなかには、PCB、DDT、ダイオキシンのように、動植物に対して毒性をもつほか、その他の化学物質のなかにも、環境中に広く存在するため生態系や生体内のホルモン作用への影響が懸念されるものがあります。

生物多様性の保全をどう考えるか——4つの理念

40億年もの歴史をへてつくられてきた現在の生物多様性は、それ自体に価値があるといえますが、ここでは私たち人間と生物多様性の関係や保全の意味を整理し、４つの理念としてまとめました。

第1の理念「人間が生存する基盤を整える」

地球上の生物は、生態系というひとつの環のなかで深くかかわりあい、つながりあって生きています。そして二酸化炭素の吸収、気温湿度の調整、土壌の形成、水源の涵養《かんよう》（うるおし、やしなうこと）などさまざまな働きをして、人間という存在にとって欠くことのできない環境基盤を整えているのです。

第2の理念「人間生活の安全性を長期的、効率的に保証する」

生物多様性を保全する観点から、自然性の高い森林をまもり、無理な開発を避け、人工林の管理水準を高めていくことは、水源地を汚染することなく安全な飲み水を提供することや、災害をしばしば未然に防ぐことにつながります。

これは30年から50年先、さらには世代を超えて人間生活の安全性を保証することになります。長い目でみれば、もっとも効率的な方法でもあるのです。

第3の理念「人間にとって有用な価値をもつ」

わたしたちの生活は、農作物などを食品として利用するだけでなく、多様な生物を工業材料、医薬品、燃料などに利用することによって成り立っています。バイオテクノロジーのさらなる技術進展によって、新たな医薬品や食料開発などに役立つ可能性もあります。こうしたことは、社会・経済・科学に、そしてさらに多様な生物を育む自然は、教育・芸術・レクリエーションなど、人間にとって有用な価値の源泉となります。

第4の理念「ゆたな文化の根源となる」

日本人は、自然と順応してさまざまな知識、技術、ゆたな感性や美意識をつちかい、多様な文化を形成してきました。自然と共生する社会、ライフスタイルを築くためには、こうした知識や技術を学ぶことが必要です。

地域によって生物多様性が異なれば、これに根ざした文化も異なります。多様な生物や文化は地域ごとの固有の資産であり、今後の地域活性化を成功させるためにも重要な鍵となるでしょう。

3つの目標とアプローチの基本

人間は地球上の生物・生態系の一員ですが、大量のエネルギーを消費して自然界に大きな影響を及ぼすなど、他の生物とは決定的に異なる存在でもあります。近代化にともなう人間活動の急激な拡大は、人間そのものの存在すら脅かすようになりました。こうした脅威を除き、現在、そして将来にわたって「自然と共生する社会」を実現していくための目標として、「新・生物多様性国家戦略」では次の3つを掲げています。

①各地域固有の生物の多様性を、その地域の特性に応じて適切に保全すること。
②とくに日本に生息・生育する種に、あらたに絶滅のおそれが生じないようにすること。
③世代を超えた自然の利用を考えて、生物の多様性を減少させず、持続可能な利用を図ること。

これらはいずれも、いますぐに着手しなければならない課題であり、同時に達成するには長い期間を必要とする課題でもあります。いまなにを、どういう態度で行なうべきかについて、２０００（平成12）年の生物多様性条約締約国会議で合意された「エコシステムアプローチ」は、次の2点を強調しています。

第１に、人間は、生物・生態系のすべてはわかり得ないことを認識の基本として、つねに謙虚に慎重に行動すること。

第２に、生態系は複雑でつねに変化し続けていることから、その管理と利用は、モニタリング調査などの結果に応じて柔軟に行なうこと。

私たちはなにをすべきか――7つの提案

「新・生物多様性国家戦略」では、今後5年の計画期間内にすみやかに着手し着実に推進しなければならないこととして、次の７つを提案します。

①絶滅防止と生態系の保全

・絶滅のおそれのある種については、生息環境の改善や増殖などによって、その個体数を回復させるための取り組みをさらに推し進め、また身近にみられる種が絶滅に向かわないよう、地域指定などの予防的対策を進める。

・重要な森林やさまざまな影響をうけやすい干潟などの湿地については、生態系を守るために十分な規模と適切な配置の保護地域を設け、こうした保護地域を中心に森林や水系の連続性をたもつなど、国土全体で生態系のネットワークづくりを進める。

②里地里山の保全

・奥山地域と都市地域の中間に広がる里地里山は、国土の4割を占める。水路やため池、里山林や田畑など、人間と自然のかかわりがつくり出した変化に富んだ自然環境をもつ里地里山は、絶滅危惧種の5割が生息する生物多様性のうえで重要な地域である。

・この地域は、農業など生産生活と深くかかわっているので、地域住民やNPOも参加した里山再生事業の実施、里山管理協定制度の推進など、地域の実情に応じたきめ細かい対策を強化する。

③自然の再生

・開発によって破壊されつつある国土の生態系を健全に甦《よみがえ》らせていくために、損なわれた河川、湿原、干潟、里山などの自然を積極的に再生、修復する自然再生事業を進める。都市においても、100年がかりで大規模な森をつくっていく。

・自然再生事業は、開発の際に損なわれた自然環境をふたたびつくり出すといったことではなく、それまでの人間による影響をていねいに取り除き、過去に失われた自然を取り戻すことを通して、地域の生態系が自己回復できる活力を取り戻すための事業である。

④移入種対策

・国境を越えた人や物の流れが急増するにともなって、移入種問題が生物多様性保全へのあらたな脅威となっている。

・すでに着手しているマングースなどの駆除事業を着実に実施していくほか、生物輸入の抑制を図るなど国内侵入への積極的な予防、移入の初期段階での発見と対応、要注意生物リストの作成やペット管理の強化などを図る。

⑤モニタリングサイト1000

・生物の多様性を体系的に保全していくためには、「緑の国勢調査」など自然を科学的・客観的に把握するため行なっている調査の充実が急がれる。

・より質の高いデータを継続的に収集し、将来を見通した積極的な保全施策を進めるために、地域の専門家やNPOとネットワークをつくりながら、全国1000か所ていどのモニタリングサイトを設けて、長期的なモニタリング調査を開始する。

⑥市民参加・環境学習

・複雑多岐にわたる生物多様性の保全を有効に進めるためには、市民・住民、地方自治体、NPO、研究者、企業などさまざまな参加者が取り組めるための仕組みづくりが重要である。

・里山保全、自然再生事業におけるNPOや住民参加を積極的に進めるほか、インターネットの利用もふくめ、情報を広く公開し、情報共有のための条件整備を進める。さらに、学校から社会、都市から自然地域までさまざまな場や機会に、環境教育・環境学習を推進する。

⑦国際協力

・日本の社会経済活動は、世界と密接な関係にあり、地球環境にも大きな影響を及ぼしている。渡り鳥や海棲動物が行き来し、地理・歴史的にもつながりが深いアジア地域は、生物多様性保全のうえでもとくに密接な関係にある。日本がこれまでつちかってきた知識・技術を活かし、アジア地域を中心に積極的に国際貢献することが重要である。

・とくに、熱帯林、サンゴ礁、湿地、渡り鳥など、生物多様性の重要な構成要素にかかわる国際的モニタリング、保全のための取り組みに積極的に参加協力していく。
・アジア東部の生物相は、同じくユーラシアに属するヨーロッパとくらべて比較的豊富で、多くの種がみられる。これは、さまざまな気候帯を反映して、さまざまな植生環境をふくむこと、熱帯があることなどが要因である。また氷河期に、北ヨーロッパではアルプスという東西に長い障害があったため移動できずに絶滅した種が多く存在したが、ヒマラヤ地域を除くユーラシア東部ではそうした状況がおこらず、多数の種がみられることになったと考えられる。動物地理区からみると、旧北区、東洋区、一部はオーストラリア区に属し、植物区系では全北区系界および旧熱帯区系界に属している。
・アジア各国の種数をみると、おもに熱帯に位置し多数の島嶼《とうしょ》からなるインドネシア、マレーシアや、面積が広く、湿潤から乾燥、低地から高山など、さまざまな環境をふくむ中国、インドなどで多くの種が記録されている。固有種の割合は、インドネシア、中国、インドに加え、フィリピンと日本で高い。島嶼《とうしょ》と大陸をくらべると、おおむね島嶼《とうしょ》において固有種の割合が高い。
・日本の生物相の特徴は、固有種の割合が高い点にある。両生類の74％を筆頭に、他種群でもこの傾向にある。その理由として、多くの島々からなる島国であり、また標高差が大きく地形が複雑であるため種分化が多く生じ、また遺存種が多くたもたれたことがあげられる。日本は森林率が高く、さまざまな森林性動植物が生息・生育している。

国土のグランドデザイン――つくり上げるべき国土のイメージ

「新・生物多様性国家戦略」に掲げられた「グランドデザイン」とは、国土をたんなる土地の広がりとしてとらえるのではなく、地下から空中、地下水、海洋まで、そして土壌の微生物から空を飛ぶ鳥までを国土としてとらえ、将来像を示そうとするものです。

そしてその将来像を、１００年、２００年がかりでつくり上げていこうというのが、このグランドデザインの呼びかけていることです。最後にイメージを描いてみます。

①自然が優先される地域として奥山・脊梁《せきりょう》山脈地域、人間・人間活動が優先する地域として都市地域があり、その中間に、人間と自然の関係が新しい仕組みで調和した地域として、広大な里地里山地域が広がっている。

②道路、河川、海岸などの整備が、生物の多様性・緑の回復のための縦軸・横軸のしっかりとしたネットワークとして位置付けられ、奥山、里地里山、都市を結んでいる。

③住民・市民が、自分の意志と価値観によって生物多様性の保全・管理、再生・修復に参加し、生物の多様性がもたらすゆたかさを享受し、そうした行動を通じて新しいライフスタイルを確立している。

④数千、数万キロも離れた遠い国から飛んできた鳥たちが、そこここの森や干潟で遊び、餌をついばむ。

⑤北の千島《ちしま》列島や赤道近くから流れてきた海流は、ゆたかな生命を育んで大漁をもたらし、子どもたちは潮干狩りや磯遊びに目をかがやかせる。南の島のサンゴ礁には鮮やかな彩りのさまざまな魚が群れ、青々と茂る海草のあいだをジュゴンの群れが過ぎていく。

⑥奥山だけでなく里地里山、都市にも巨木がそびえ、大都市にも大きな森があり、猛禽《もうきん》類が悠々と空を舞っている。

⑦都市、町や村に、生き物たちのにぎわいがあり、人びとは生き物たちとのふれあいを通して生活のにぎわい、ゆたかさを感じる。

清水弘文堂書房の本の注文方法

■電話注文03-3770-1922／045-431-3566■FAX注文045-431-3566■Eメール注文shimizukobundo@mbj.nifty.com（いずれも送料300円注文主負担）■電話・FAX・Eメール以外で清水弘文堂書房の本をご注文いただく場合には、もよりの本屋さんにご注文いただくか、本の定価（消費税込み）に送料300円を足した金額を郵便為替（為替口座00260-3-59939　清水弘文堂書房）でお振り込みくだされば、確認後、1週間以内に郵送にてお送りいたします（郵便為替でご注文いただく場合には、振り込み用紙に本の題名必記）。

いのちは創れない　トキやメダカのいる国づくり

ASAHI ECO BOOKS 12□生物多様性を考える　1□

発行　二〇〇五年六月十五日　第一刷

著者　池田和子・守分紀子・蟹江志保

発行者　池田弘一

発行所　アサヒビール株式会社

郵便番号　一三〇-八六〇二

住所　東京都墨田区吾妻橋一-二三-一

編集発売　株式会社清水弘文堂書房

発売者　礒貝日月

郵便番号　一五三-〇〇四四

住所　東京都目黒区大橋一-三-七　大橋スカイハイツ二〇七

Eメール　shimizukobundo@mbj.nifty.com

HP　http://homepage2.nifty.com/shimizukobundo/

編集室　清水弘文堂書房ITセンター

郵便番号　二二二-〇〇一一

住所　横浜市港北区菊名三-三-一四　KIKUNA N HOUSE 3F

電話番号　〇四五-四三一-三五六六　FAX　〇四五-四三一-三五六六

郵便振替　〇〇二六〇-三-五九九三九

印刷所　プリンテックス株式会社

□乱丁・落丁本はおとりかえいたします□

ISBN4-87950-571-4 C0045

NON STOP DRY

泡の中の感動

瀬戸雄三　聞き手　あん・まくどなるど

ハードカバー上製本　A5版422ページ　定価1890円（本体1800円＋税）

アサヒビール会長の感動泡談。

若いころから「お客様に新鮮なビールを飲んでもらう」ことと「感動の共有」を旗印に七転八起の人生――「地獄から天国まで見た」企業人の物語。アサヒビールがスーパードライをヒットさせ売上を伸ばし『環境経営』を理念に据え世界市場をめざすまでのノンストップ・ドライストーリー！『SETO'S KEYWORD 300』収録。

才媛あん・まくどなるどが、和気藹々《わきあいあい》、しかし、鋭くビール業界のナンバーワン会長に迫る。

ASAHI ECO BOOKS 1

環境影響評価のすべて

Conducting Environmental Impact Assessment in Developing Countries　ASAHI ECO BOOKS 1

プラサッド・モダック　アシット・K・ビスワス著　川瀬裕之　礒貝白日訳

ハードカバー上製本　A5版416ページ　定価2940円（本体2800円＋税）

「時のアセスメント」流行りの今日、環境影響評価は、プロジェクト実施の必要条件。発展途上国が環境影響評価を実施するための理論書として国連大学が作成したこのテキストは、有明海の干拓堰、千葉県の三番瀬、長野県のダム、沖縄の海岸線埋め立てなどなどの日本の開発のあり方を見直すためにも有用。

（国連大学出版局協力出版）

□序章□EIAの実施過程□EIA実施方法□EIAのツール□環境管理手法とモニタリング□EIAにおけるコミュニケーション□EIA報告書の作成と評価□EIAの発展□EIAのケーススタディ7例（フィリピン・スリランカ・タイ・インドネシア・エジプト）□

ASAHI ECO BOOKS 2

THOREAU ON WATER: REFLECTING HEAVEN　ASAHI ECO BOOKS 2

水によるセラピー

ヘンリー・デイヴィッド・ソロー

仙名　紀訳

ハードカバー上製本　A5版176ページ　定価1260円（本体1200円+税）

古典的な名著『森の生活』のソローの心をもっとも動かしたのは、水のある風景だった――狂乱の21世紀にあって、アメリカ人はeメールにせっせと返事を書かなければならないし、カネを稼ぐ必要があるし、退職年金を増やすことにも気配りを迫られる。そのような時代にあって、自動車が発明されるより半世紀も前に、長いこと暮らしてきた陋屋の近くにある水辺を眺めながら、マサチューセッツ州東部の町コンコードに住んでいたナチュラリストが書き記した文章に思いを馳せるということに、どれほどの意味があるだろうか。この設問に対する答えは無数にあるだろうが……。『まえがき』（デイヴィッド・ジェームズ・ダンカン）より

ASAHI ECO BOOKS 3

THOREAU ON MOUNTAIN: ELEVATING OURSELVES　ASAHI ECO BOOKS 3

山によるセラピー

ヘンリー・デイヴィッド・ソロー

仙名　紀訳

ハードカバー上製本　A5版176ページ　定価1260円（本体1200円+税）

いま、なぜソローなのか？　名作『森の生活』の著者の癒しのアンソロジー3部作、第2弾！――感覚の鈍った手足を起き抜けに伸ばすように、私たちはこの新しい21世紀に当たって、山々や森の複雑な精神性と自分自身を敬うことを改めて学び直し、世界は私たちの足元にひれ伏しているのだなどという幻想に惑わされないように自戒したい。『はじめに』（エドワード・ホグランド）より

□乱開発の行き過ぎを規制し、生態学エコロジーの原点に立ち戻り、人間性を回復する際のシンボルとして、ソローの影は国際的に大きさを増している。『訳者あとがき』（仙名　紀）より

ASAHI ECO BOOKS 4

Water for Urban Areas Challenges and Perspectives　*ASAHI ECO BOOKS 4*

水のリスクマネージメント――都市圏の水問題

ジューハ・I・ウィトォー　アシット・K・ビスワス編　深澤雅子訳

ハードカバー上製本　A5版272ページ　定価2625円（本体2500円+税）

21世紀に直面するであろうきわめて重大な問題は、水である。今後40年前後で清潔な水を入手できるようにするということには、37億人を超える都市居住者に上下水道の普及を拡大していく必要をともなう。さらに、急成長している諸国の一層の環境破壊を防ぐには、産業生産量単位ごとの汚染を、現在から2030年までの間に90％程度減少させることが必要である。

□はじめに□序文□発展途上国都市圏における21世紀の水問題□首都・東京の水管理□関西主要都市圏における水質管理問題□インドの巨大都市ムンバイ、デリー、カルカッタ、チェンナイにおける用水管理□メキシコシティ首都圏の給水ならびに配水□巨大都市における廃水の管理と利用□都市圏の上下水道サービス提供において民間が果たす役割□緊急時の給水および災害に対する弱さ□結論□

ASAHI ECO BOOKS 5

風景によるセラピー

THOREAU ON LAND: NATURE'S CANVAS　*ASAHI ECO BOOKS 5*

ヘンリー・デイヴィッド・ソロー　仙名 紀訳

ハードカバー上製本　A5版272ページ　定価1890円（本体1800円+税）

こんな世の中だから、ソロー！　『森の生活』のソローのアンソロジー――『セラピー（心を癒す）本』3部作完結編！――ソロー（1917～62）が、改めて脚光を浴びている。ナチュラリストとして、あるいはエコロジストとしての彼の著作や思想が、21世紀の現在、先駆者の業績として広く認知されてきたからだろう。もっと正確に言えば、彼は忘れられた存在だったわけではなく、根強い共感者はいたのだが、その人気や知名度が近年、大いにふくらみをもってきたのである。そのような時期に、ソローの自然に関するアンソロジー3冊がアサヒ・エコ・ブックスに加えられたのは、意味のあることだと考えている。『訳者あとがき』（仙名 紀）より

ソローのスケッチ

ASAHI ECO BOOKS 6

ASAHI BEER'S FOREST KEEPERS　ASAHI ECO BOOKS 6

アサヒビールの森人たち

監修・写真　礒貝 浩　文　教蓮孝匡

ハードカバー上製本　A5版288ページ　定価1995円（本体1900円＋税）

「豊かさ」って、なに？　この本の『ヒューマン・ドキュメンタリー』は、この主題を森で働く人たちを通して問いかけている。そう、「アサヒビールの森人たち」は、今の日本では数少ない、心豊かに日々を過ごしている幸せな人たちである。

（あん・まくどなるど『序――エコ・リンクスのことなど』より）

「FSC認証をうけてからいろんな人が来られて『アサヒの森はええ森じゃ』言うてくれてですが、今の森を知っとっても昔の森のことも知らんと、そのよさもちゃんとわからんのんじゃないかのう、と思います」□「アサヒの森で今仕事をしとる人が元気なうちに、試験的にでも若い人に仕事に参入してもらえればええんですがねえ」□「《環境》ゆう言葉をよう聞きますが、このあたりじゃ『環境をようしよう』いう考えはあまり持たんもんですよ。きれいですけえね、空気も水も山も。『環境はよくてあたりまえ』ゆう感じで、そもそも意識することがないですよ」

ASAHI ECO BOOKS 7

WISDOM FROM A RAINFOREST　ASAHI ECO BOOKS 7

熱帯雨林の知恵

スチュワート・A・シュレーゲル著　仙名 紀訳

ハードカバー上製本　A5版352ページ　定価2100円（本体2000円＋税）

私たちは森の世話をするために生まれた！

ティドゥライ族の基本的な宇宙観では、森――ないし自然一般――は、人間に豊かな生活を供給するためにつくられたものであり、人間は森と仲よく共生し、森が健全であることを見届けるために存在するのだった。

彼らの優しくて、人生に肯定的で、同情心に富んだ特性が、私の人生観を根本から変えた。私の考え方、感じ方、人間関係、そして経歴までも。遠隔の地で私が聞いた彼らの声を世界中の多くの人びとに伝えたいし、彼らが忍耐・協力・優しさ・静かさなどを雄弁に実践している姿を、私と同じように理解して欲しい。そして彼らの世界認識のなかには、「よりよき人生」を送るために、耳を傾けるべき教訓があることに気づいていただきたい。（『序章』より）

ASAHI ECO BOOKS 8

国際水紛争事典

Transboundary Freshwater Dispute Resolution ASAHI ECO BOOKS 8

ヘザー・L・ビーチ ジェシー・ハムナー J・ジョセフ・ヒューイット エディ・カウフマン アンジャ・クルキ ジョー・A・オッペンハイマー アーロン・T・ウォルフ共著 池座 剛 寺村ミシェル訳

ハードカバー上製本 A5版256ページ 定価2625円（本体2500円＋税）

本書は、水の質や量をめぐる世界各地の問題、およびそれらに起因する紛争管理に関する文献を包括的に検証したものである。紛争解決に関しては、断片的な研究結果や非体系的で実験的な試みしか存在しなかったのが現状であった。本書で行われた国際水域に関する調査では、200以上の越境的な水域から収集された参考データや一般データが提供されている。

（国連大学出版局協力出版）

□この本であつかっている越境的な水域抗争解決のケーススタディ事例□ダニューブ川流域 ユーフラテス川流域 ヨルダン川流域 ガンジス川論争 インダス川条約 メコン川委員会 ナイル川協定 プラタ川流域 サルウィン川流域 アメリカ合衆国・メキシコ共有帯水層 アラル海 カナダ・アメリカ合衆国国際共同委員会 レソト高原水計画

ASAHI ECO BOOKS 9

環境問題を考えるヒント

SOME HINTS FOR THINKING ABOUT THE ENVIRONMENT ASAHI ECO BOOKS 9

水野 理

ハードカバー上製本 A5版480ページ 定価3150円（本体3000円＋税）

本書は、環境問題に対してどう向き合うのが正しいのかといったことではなく、環境問題を考える手がかりを提供するにすぎない。答えではなくて、むしろ疑問の方法が詰まっているといってもよい。文字どおり、「考えるヒント」の紹介である。

『プロローグ』より

第1章 考えはじめるために□第2章 社会について考えるということ□第3章 環境問題を考えるための基本モデル□第4章 環境問題の始まりから終わりまで□第5章 環境問題を考えるうえでのいくつかの重要な視点□終章 ヒントの限界と可能性

ASAHI ECO BOOKS 10

ECO-BEER Asahi Beer : One Company's Story of Environmental Management Initiatives　ASAHI ECO BOOKS 10

地球といっしょに「うまい！」をつくる

写真と文　二葉幾久

ハードカバー上製本　A５版２７２ページ　定価１５００円（本体１５７５円＋税）

アサヒビール社員たちによる、企業の環境対策奮闘記！

これから本気で環境問題に取り組もうとしている人や企業には、本書が役に立つかもしれない——。

ビールの場合は、水、麦、ホップ、それから酵母。全部、自然の恵みなんですね。その恵みをうまく組み合わせてつくり出したひとつの芸術品……そうした類の飲み物なんですね。だから当然われわれは自然にたいしてそのお返しをしなければいけない。そういう気持ちをみんなが持っているかぎり、わたしどもの企業は発展していくのではないか、と思います。一切の不純物が入っていないんですよ、ビールというのは。すべては自然の恵みから。これこそが原点だと思います。（瀬戸雄三・池田弘一『あとがき対談』より）

ASAHI ECO BOOKS 11

OJIBWA VOICES THROUGH THE FOREST　ASAHI ECO BOOKS 11

カナダの元祖・森人たち——

グラシイ・ナロウズとホワイトドッグの先住民／『カナダのミナマタ?!』映像野帖

写真と文と訳　あん・まくどなるど　礒貝 浩

ハードカバー上製本　A５版４４８ページ　定価２１００円（本体２０００円＋税）

水俣病は、大半の日本人にとって過ぎ去ったこと、つまり過去の事件である。人びとはそう考えており、水俣病が現在の問題でもあるなどということは思いもよらない。しかし現実に、その思いもよらない苦悩の陰が、いまだに遠くカナダのちいさな町を覆っている。本書はそのことを明らかにしようとする。これは多くの日本人にとって、本当に驚くべき事実のはずである。日本人の公害の原点が、遠くカナダの地といまだにつながりを持っている。ほとんどの日本人は、本書を通じて、初めてその事実を知ることになるだろう。『解説』（水野 理）より

●２００４年度「カナダ首相出版賞」受賞作品●

清水弘文堂書房の学術・文学書ロングセラー

（2005年5月30日現在）

G. PAM COMMUNICATIONS

学術

形式論理学要説□寺沢恒信	840円（税5%込み　以下同様）
社会思想史入門□猪木正道	630円
ユング心理学入門□V・J・ノードバイ　C・S・ホール　岸田　秀訳	1260円
病める心　精神療法の窓から□R・A・リストン　西川好夫訳	1050円
白昼夢・イメージ・空想□J・L・シンガー　秋山信道・小山睦央訳	1680円
学習の心理学□E・R・ガスリー　富田達彦訳	2940円
J・デューイと実験主義哲学の精神□C・W・ヘンデル編　杉浦　宏訳	1050円
民主主義の倫理と教育□草谷晴夫	3360円
児童精神病理学□座間味宗和	4515円
文明の構造　イカルスの飛翔のゆくえ□宍戸　修	1260円
原始仏教から大乗仏教へ□佐々木現順	1995円
業（ごう）と運命□佐々木現順	1680円
パーリ「ダンマ」□（リプリント版）	3150円
両大戦間における国際関係史□E・H・カー　衛藤瀋吉・斎藤　孝訳	1890円
ビザンチン期における親族法の発達□栗生武夫	1575円
エズラ・パウンド□G・S・フレイザー　佐藤幸雄訳	1470円
フロイティズム□金子武蔵	893円
中間生物□小沢直宏	1834円
今なぜ民間非営利団体なのか□田淵節也編	2039円
明治法制史（2）□中村吉三郎	1155円
明治法制史（3）□中村吉三郎	945円
大正法制史□中村吉三郎	1050円
債権各論の骨□中村吉三郎	1260円
日本における哲学的観念論の発達史□三枝博音	2625円
政治哲学序説□今井仙一	1680円